同济大学学术专著(自然科学类)出版基金项目

强震下金属结构的超低周疲劳破坏

贾良玖　葛汉彬　著

同济大学 出版社
TONGJI UNIVERSITY PRESS

内 容 提 要

　　近二十年来,地球进入强震周期,金属材料在超低周疲劳加载下的延性断裂问题成为金属结构领域的前沿热点问题之一。本书主要阐述金属结构在地震等超大塑性循环加载下的延性破坏机理、理论分析模型、数值仿真模拟方法以及相关理论在金属材料、构件、节点和结构层面的应用,是作者近 10 年来相关研究成果的荟萃。

　　这本书面向的读者包括对金属结构感兴趣的本科生、研究生、研究钢和铝合金结构的研究人员,以及涉及循环大塑性加载相关应用的结构工程师。

图书在版编目(CIP)数据

　　强震下金属结构的超低周疲劳破坏/ 贾良玖,葛汉彬著.—上海:同济大学出版社,2019.11
　　ISBN 978-7-5608-8789-0

　　Ⅰ.①强… Ⅱ.①贾…②葛… Ⅲ.①金属结构—金属疲劳—研究 Ⅳ.①TG111.8

　　中国版本图书馆 CIP 数据核字(2019)第 232115 号

同济大学学术专著(自然科学类)出版基金项目

强震下金属结构的超低周疲劳破坏

贾良玖　葛汉彬　著

责任编辑　马继兰　　**责任校对**　徐春莲　　**封面设计**　陈益平

出版发行	同济大学出版社　　www.tongjipress.com.cn	
	(地址:上海市四平路 1239 号　邮编:200092　电话:021-65985622)	
经　　销	全国各地新华书店	
印　　刷	常熟市华顺印刷有限公司	
开　　本	787 mm×1092 mm　1/16	
印　　张	12	
字　　数	300 000	
版　　次	2019 年 11 月第 1 版　　2019 年 11 月第 1 次印刷	
书　　号	ISBN 978-7-5608-8789-0	

定　　价　80.00 元

序

对钢和其他金属结构而言,防止断裂破坏一直是工程师和研究者致力于解决的问题。但是以往研究的焦点,从荷载性质看,主要以高周疲劳和冲击荷载等为中心;从破坏特征看,则主要是脆性断裂,以及虽然也称为弹塑性断裂,但实际上塑性区域仅集中于裂纹尖端附近的有限区域内的情况。然而通过 1994 年的北岭地震和 1995 年的神户地震后的钢结构震害调查发现,在循环次数并不太多但其强度非常之高的荷载作用下,构件发生了大范围的塑性,钢结构的断裂具有明显的延性特征,虽然构件或连接在后期完全断裂,带有某种脆性特征,但问题的性质已发生很大变化。通过深入研究这一现象,从机理上阐释并建立了可以细致描述这一过程的力学分析模型和方法,通过试验加以检验是提高结构抗断裂性能的基础性工作。

本书的两位作者在过去的多年内卓有成效地开展了相关研究工作,本书则是他们学术研究成果的汇总。书中的研究包括了结构钢和铝合金的塑性及延性断裂,特别是提出了金属材料的颈缩后真实应力-真实应变修正方法,发展了新型大应变金属循环塑性本构模型,建立了统一的单调和循环加载下的延性裂纹萌生准则,同时提出了仅采用材料单调拉伸试验结果校核以上塑性和断裂模型的方法,使研究成果能够在一定程度上较准确地预测断裂的发生,并能推广到其他延性金属材料、构件、连接和结构上。这就为工程师提供了非常有用的工具,在工程结构设计阶段,就能预见到一些关键部位可能发生断裂的位置,分析引起的原因,有助于改进设计,从而提高结构的安全性和经济性。本书的成果也为同行研究者提供了可资借鉴的参考。

中国仍处在城市化的进程中,因其国土拥有广阔腹地,中国仍将保持相当可观的工程建设规模。而钢结构在预制化、装配化方面所具有的优越性,以及在材料可回收、可循环使用上的竞争力,将会越来越多地成为各类工程结构中的优先选项。在这样一个背景下,本书所呈现的学术成果将会有非常巨大的工程应用潜力。

陈以一

2018 年 5 月于同济

前　　言

通常,金属结构主要的破坏模式包含净截面延性断裂、脆性断裂、整体或局部屈曲及高周疲劳等。结构钢作为良好的建筑结构用延性金属,具有高强度、高延性、高韧性和良好的可焊性。然而在 1994 年的美国加州北岭地震和 1995 年的日本神户地震中,大量的焊接钢框架结构建筑和桥梁在梁柱节点处发生断裂。之后,结构工程师对钢结构的高延性和高韧性的信仰被打破。非常巧合的是:这两个地震都发生在 1 月 17 号,当地正处于冬天,且温度都比较低,这两个地震造成了巨大的经济损失和人员伤亡。上述地震中发现的断裂模式不同于前述的破坏模式,一般被称为超低周疲劳或极低周疲劳。不同于高周和低周疲劳,该类型疲劳所受的塑性应变较大,一般仅发生在地震工程中,疲劳寿命仅有几圈到上百圈。

北岭地震和神户地震后,钢结构领域学者对相关的破坏机理进行了大范围的研究。东京大学 Kuwamura 教授首先指出上述地震中发生的焊接结构超低周疲劳破坏主要分为以下几个阶段:结构钢的屈服、应变集中造成的延性裂纹萌生、延性裂纹的稳定扩展以及最终的脆性断裂。通常,低温和循环塑性会导致结构钢断裂韧性的下降。在循环加载下,随着塑性应变的增加,材料断裂韧性不断降低,同时延性裂纹的扩展又会造成裂纹尖端的应力集中,大量的焊接热输入也会造成结构钢韧性的下降,焊接结构在强震下易于发生最终的脆性断裂。

本书旨在陈述强震下金属结构超低周疲劳破坏相关的试验结果和理论基础,而超低周疲劳主要的破坏机理在于延性断裂。本书采用整体性的方法,为超低周疲劳建立了一个基本框架,同时强调了在地震荷载作用下金属结构断裂评估中理论分析和试验研究的重要性。第 1 章介绍了前几次强震中金属结构的超低周疲劳破坏,包括金属建筑结构和桥梁。第 2 章和第 3 章讨论了金属塑性,这是延性断裂理论的基础。第 2 章讨论了如何获取包括颈缩前和颈缩后两个阶段的金属断裂前的真实应力-应变数据。第 3 章讨论了循环金属塑性模型,重点研究了金属断裂前的全应变范围。第 4 章至第 6 章讨论了结构钢的延性断裂。第 4 章和第 5 章分别给出了基于细观空穴增长理论单调加载下裂纹萌生准则和基于能量平衡原理的延性裂纹扩展准则。第 6 章给出了循环加载下的延性断裂模型。第 7 章和第 8 章分别给出了延性断裂模型在钢构件和连接中的工程应用。第 9 章提出了一种仅采用代表性物理力学参数就能准确校准循环塑性模型参数的简单方法。第 10 章讨论了铝合金材料的超低周疲劳断裂评估和超低周疲劳断裂模型在铝合金构件中的应用。第 11 章介绍了本书的主要结论以及在金属结构超低周疲劳断裂领域的研究展望。塑性模型的自定义子程序编写细节,即改进的 Yoshida-Uemori 模型,并在附录中给出。

同时作者期待本书能够为不同专业如材料、土木、机械等领域的工程师和相关研究人员提供一些参考。

我们真诚地感谢在本书的试验和数值研究中给予帮助的所有人。特别感谢同济大学陈以一教授,衷心感谢他一直以来的支持和指导。同时还要感谢东京大学 Hitoshi Kuwamura 教授,感谢其对本书许多研究的指导。也非常感谢东京大学的 Tsuyoshi Koyama 博士和 Jun Iyama 教授的支持。此外,感谢同济大学、东京大学和名城大学参与相关研究的学生们。鉴于作者水平所限,错漏之处在所难免,欢迎大家批评指正。

贾良玖　葛汉彬

2019 年 3 月

目　　录

第1章 概论

1.1 研究背景

1.1.1 超低周疲劳的内涵

金属结构失效的原因有很多,其中主要的破坏模式之一是断裂。金属结构断裂按照断面特征主要可以分为以下几种类型,如图1-1所示的脆性断裂、延性断裂和疲劳断裂。在特殊的材料、加载历史、温度等条件下,也可能会发生延性和脆性过渡模式等。地震作用是结构工程的主要研究对象之一,上述断裂模式在地震过程中都有可能发生,在1994年的北岭地震(Mahin, 1998)和1995年的神户地震(AIJ, 1995)中有报道过焊接钢结构节点和构件的延性断裂和脆性断裂破坏。

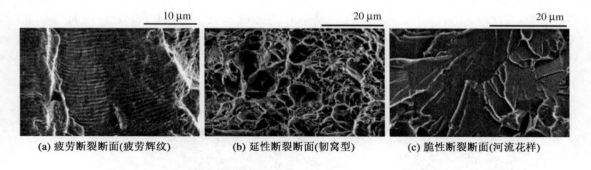

(a) 疲劳断裂断面(疲劳辉纹)　　(b) 延性断裂断面(韧窝型)　　(c) 脆性断裂断面(河流花样)

图1-1　金属结构的不同断裂模式(Liu et al., 2017)

地震作用通常伴随较大的循环塑性应变加载,且破坏(断裂)的圈数在几圈至上百圈,破坏断面经常可以看到延性的韧窝,为了区别,本书将大塑性应变幅值的地震加载历史定义为"超低周疲劳"加载。如前所述,金属试件超低周疲劳破坏的断面可能包含延性、脆性断面,也可能会包含从延性到脆性或从延性到疲劳的过渡模式等。高周疲劳一般的疲劳寿命在10^4次以上,材料一般处于弹性状态;而低周疲劳一般的疲劳寿命在10^4次以下,材料一般会发生较小的塑性。相关的疲劳寿命都是基于传统材料的经验数据,对应不同材料,其具体的临界值也会发生改变,主要的区别在于其断裂机理不同。前述的三种疲劳破坏模式的断面是不同的,在高周和低周疲劳断面中,如图 1-1(a)所示的疲劳辉纹是其主要特征,对于超低周疲劳破坏,通常材料的断面会包含图 1-1(b)所示的延性韧窝。

超低周疲劳断面特征和温度、材料特性、应力-应变集中以及加载历史等相关,同一个超低周疲劳断面可能既包含延性断面又包含脆性断面。在一次强震中,支撑或角柱等结构构件可能发生局部或整体失稳,构件在大塑性循环加载下可能会发生延性断裂。此时发生的超低周疲劳断裂的整个断面都可能是延性的,这主要与其材料的断裂韧性高以及应力-应变集中较小相关。

从断裂模式的角度上说,"超低周疲劳破坏"(有学者也称为"极低周疲劳破坏")这样的术语可能有时会令人困惑,因为其破坏机理比较复杂。超低周疲劳断面可以是百分之百的延性断面,也可能是由于延性裂纹的萌生和扩展导致的部分脆性断面,抑或整个截面既有疲劳断面,又有延性和脆性断面。因此,"超低周疲劳破坏"蕴含多种断裂模式,但断面不一定会包含疲劳辉纹,其断面可以包含图 1-1(b)所示的延性韧窝,也可能出现图 1-1(c)所示的河流花样的典型脆性断面。

1.1.2 钢构件和节点的屈曲后超低周疲劳破坏

在发生过的强震中,如 1995 年神户地震、2011 年的东日本大地震,一些钢构件和节点发生了"超低周疲劳破坏",破坏模式大多为大塑性应变循环加载下的屈曲后延性断裂。如图 1-2 所示一个钢结构车库的支撑由于反复屈曲而在跨中发生延性断裂。该支撑首先发生整体失稳,造成跨中截面应变集中,跨中截面屈曲变形最大处在大塑性应变幅值循环加载下最终发生延性断裂。图 1-3 和图 1-4 分别给出了 1995 年神户地震中方钢管柱和 H 型钢梁延性断裂的实例。钢桥柱脚的屈曲后延性断裂破坏也在神户地震中被发现,如图 1-5 所示,圆钢管柱脚在地震荷载作用下发生"象足"形屈曲模态,并在地震反复加载下发生延性断裂。图中的加劲肋是在震后为了防止柱脚倒塌而临时焊接的。

图 1-2 1995 年神户地震中支撑的延性断裂(Kuwamura Lab,1995)

图 1-3 1995 年神户地震中方钢管柱的
延性断裂(AIJ,1995)

图 1-4 1995 年神户地震中 H 形梁翼缘的
延性断裂(AIJ,1995)

2011 年的东日本大地震中,钢构件和节点的屈曲后延性断裂破坏也在多处被发现。如图 1-6(a)所示交叉角钢支撑在地震荷载作用下的超低周疲劳破坏,整体失稳首先发生,在屈曲和螺栓节点处发生应变集中,最终在支撑一端的节点处发生净截面断裂破坏。图 1-6(b)显示一个钢结构车库的圆钢管人字形支撑节点首先发生了面外屈曲,在地震反复作用下最终发生屈曲后断裂破坏。

图 1-5 1995 年神户地震中钢桥柱脚的屈曲后
延性断裂(Kuwamura Lab,1995)

(a)角钢支撑屈曲和断裂破坏   (b)节点板断裂破坏

图 1-6 2011 年东日本大地震中支撑和节点的屈曲后延性断裂(Okazaki,et al.,2013)

1.1.3 钢框架焊接梁柱节点的超低周疲劳破坏

焊接钢框架结构体系曾经一度被工程师认为是最有效的一种结构体系,但这种信仰在 1994 年的美国北岭地震过后发生了动摇,该地震中大量钢框架焊接梁柱节点发生脆性断裂(FEMA-288,1997;FEMA-350,2000),断裂主要发生在梁下翼缘的熔合区。正好一年后,另外一个脉冲式强震袭击了日本兵库县南部(又称1995年神户地震或阪神地震),该地震也引起了众多焊接钢框架建筑和桥梁的断裂破坏(AIJ,1995;Bruneau, et al.,1996)。虽然1995年神户地震中断裂的焊接梁柱节点在断裂前发生了较大的塑性变形,但节点最终的破坏模式为脆性断裂。经过两次强震,学者们对此开展了一系列研究,致力于阐明相关的破坏机理(Iwashita, et al. 2003;Jia and Kuwamura,2014,2015;Xiang, et al.,2017;Kuwamura and Yamamoto,1997;Ramirez, et al.,2012)。此外,一些学者试图通过节点或构件的新型构造改善焊接框架结构的抗震性能,如狗骨式梁削弱节点、盖板/加腋/侧板加强梁节点以及楔形梁翼缘节点等(Chen and Lin,2013;Chi and Uang,2002;Gilton and Uang,2002;Jones, et al.,2002;Kim, et al.,2002;Sumner and Murray,2002)。在两次强震后的试验和数值研究基础上,美国和日本分别制订了改善焊接钢结构抗震性能的设计建议(FEMA-350,2000;The Building center of Japan,2003)。北岭地震后,美国加州结构工程师协会(SEAOC)、应用技术委员会(ATC)以及地震工程研究大学联合会(CUREE)共同成立了SAC合资公司,该公司发起了一系列研究项目,研究经费由美国联邦应急管理局(FEMA)和加州应急服务事务所(OES)资助。相关研究包括北岭地震震前结构的文献调查和数据收集、收集数据的评估、损伤和未损伤建筑的计算分析、一系列采用典型震前设计和施工方法建造的梁柱子结构的实验室足尺试验研究、维修、升级加固和备选的设计细节等。很多相关的研究成果被收录在FEMA的研究报告中(FEMA-288,1997;FEMA-350,2000;FEMA-351,2000;FEMA-352,2000;FEMA-355a,2000)。日本东京大学的Kuwamura教授通过对神户地震后的钢结构断面进行电镜观察,首先阐明了焊接钢结构框架脆性断裂的机理,并指出在脆性断裂发生前首先发生延性裂纹萌生,然后延性裂纹稳定扩展,最终当裂纹扩展到一定尺寸后发生脆性断裂,节点因而突然丧失承载力(Kuwamura and Yamamoto,1997)。鉴于脆性断裂可能的破坏性后果,有必要首先研究上述断裂过程的前两个阶段,即延性裂纹萌生和延性裂纹扩展。

上述焊接梁柱节点的超低周疲劳断裂与之前提到的钢构件的屈曲后延性断裂有所不同,前者断面可分为两个明显不同的断裂区域,即延性和脆性断面。导致这样不同的原因主要有以下因素:梁柱节点复杂的几何拓扑会导致应力-应变集中;焊接热输入会造成焊接热影响区的晶粒变大,材料延性和韧性降低;焊接材料、热影响区和母材的材质不连续;可能的焊接缺陷;等等。

金属结构超低周疲劳寿命的准确评估需要首先阐明其延性断裂机制,因为大多超低周疲劳破坏都是由于延性裂纹的萌生和扩展引起的。因此,延性断裂的预测对于延性和脆性断裂问题都有重要的意义。此外,延性断裂相关理论还可用于评估延性金属材料、构件、耗能组件、节点乃至整体结构的变形能力和耗能能力,这对于新型金属阻尼器和金属结构体系的研发、金属结构的损伤评估具有重要的理论和工程意义。

1.2 延性断裂

1.2.1 简介

无初始裂纹金属材料延性断裂相关研究起步相对较晚,已有约半个世纪的研究历史。延性断裂机制通常包含以下三个关键阶段(Anderson, 2005):

(1) 空穴在杂质或第二相粒子处由于晶间开裂或第二相粒子的断裂而发生形核;

(2) 空穴在等效塑性应变和静水压力的作用下成长;

(3) 空穴成长到关键尺寸后发生合并。

在建立的空穴成长的数学模型中,应用较为广泛的有以下四种模型:McClintock 模型、Rice-Tracey 模型、Gurson 模型及其修正的 Gurson-Tvergaard-Needleman(GTN)模型(McClintock, 1968; Rice and Tracey, 1969; Gurson, 1977; Tvergaard, 1981; Tvergaard, 1982; Tvergaard and Needleman, 1984)。

McClintock, Rice 和 Tracey 发现了静水压力在微观空穴成长过程中所起的重要作用。McClintock 分析了轴线平行、相距相同距离的无限长圆柱形空穴简化模型,研究空穴在承受远场拉应力和轴向拉应力下的成长问题。基于该空穴成长模型的分析结果,他以空穴半径增大值与空穴间距之间的比值为参数,假定当圆柱形空穴相互接触时即发生空穴合并,以此作为材料细观延性裂纹萌生准则。Rice 和 Tracey 分析了在远场单轴拉伸应变率场加载下一个更接近真实的球形空穴的成长问题,通过研究发现材料的断裂应变随着应力三轴度的增大而快速减小。对于非强化材料的球形细观空穴在受拉时的成长率可表达为一个指数函数,且函数的系数为一个定值。但 Rice-Tracey 模型并没有给出一个延性裂纹萌生的准则,其重要的贡献在于获得了细观空穴成长率与应力三轴度、应变率之间的相关关系。

Gurson 模型是一个考虑了材料屈服面和静水压力耦合影响的多孔塑性模型。该模型主要特点在于其基于连续体力学框架理论,同时该材料本构模型具有静水压力依赖性。该模型通过一个空穴体积分数来定义断裂条件。假定当空穴体积分数达到一个阈值后即发生断裂。基于试验结果,Tvergaard(1981, 1982)修正了 Gurson 模型的屈服函数,并加了三个模型参数。研究发现,Gurson 模型会高估材料的断裂应变,Tvergaard 和 Needleman(1984)通过引入一个失效点修正了该模型,假定当超过该失效点后静水压力对于屈服面的影响加速。该修正模型通常被称为 Gurson-Tvergaard-Needleman(GTN)模型。该模型可以描述空穴成长和合并的特征,但该模型具有十个以上参数。在实际工程中,一般只能获得光滑圆棒或板材的单调拉伸材性试验结果,以上的材料参数通常很难获取。另外一个不足就是 Gurson 模型和 GTN 模型采用经典的 von Mises 屈服函数,硬化法则采用各向同性强化,这导致结构钢等延性金属材料在循环加载下应力被高估。

模拟延性断裂的另外一个方法是采用连续损伤力学。连续损伤力学相关研究源自

Kachanov(1958)提出的宏观损伤变量。随后,Chaboche(1984)和Lemaitre(1985)在热力学框架下建立了连续损伤力学的本构方程,为该理论提供了科学依据。Lemaitre提出了一种基于有效应力概念的延性断裂连续损伤模型,该模型要求从试验结果中识别出三个模型参数。他假设宏观裂纹是在损伤变量 D 达到临界值时开始的。同时,他还提出了一种基于杨氏模量降低的 D 值识别方法。为了确定 D,需要进行几个循环的加载和卸载试验,这在结构工程的实践中通常也很难获得。

此外,还提出了许多经验断裂模型,这些模型定义了"损伤指标"的标量,并且假设当损伤指标达到临界值时,材料发生断裂。最简单的经验断裂模型是常断裂应变准则,即假定当等效塑性应变达到临界值时,材料发生断裂。众所周知,应力三轴度在金属延性断裂中起着重要作用,许多经验断裂模型在损伤指标中包括应力三轴度(Bai, et al., 2006;Bao and Wierzbicki, 2004;Johnson and Cook, 1985;Norris, et al., 1977;Marino, et al., 1985;Oyane, et al., 1980)。最近,还提出了考虑 Lode 角影响的更复杂断裂模型(Bai and Wierzbicki, 2008)。然而,上述断裂模型要么过于复杂,无法应用于结构工程,要么模型参数的标定需要一系列具有特殊拓扑的试样。另一个问题是,单调加载作用下的延性断裂模型较多,在超低周疲劳加载下的研究较少,这在结构工程中具有重要意义。金属材料在循环荷载下的光滑缺口试件相关断裂研究有限(Bai, et al., 2006;Pirondi and Bonora, 2003)。

1.2.2 结构工程中延性断裂相关研究

目前对结构工程延性断裂的研究仍较有限,该领域的研究始于 20 世纪 90 年代,最初的研究主要集中在结构钢和节点的脆性断裂上,因为焊接钢框架结构中大量梁柱节点的脆性断裂已成为钢框架结构的一个重要问题。在北岭地震和神户地震后,研究发现,焊接梁柱连接的脆性断裂是由焊趾处热点的延性裂纹在承受大量塑性应变后触发的(Kuwamura, 1998)。根据几种结构钢在单调拉伸下的一系列缺口试件试验,Kuwamura 和 Yamamoto(1997)提出了经验性的延性断裂模型。然而,对于循环加载下的情况,没有提出相关断裂准则。Chi 等(2006)提出了结构钢在单调加载下的经验断裂模型,Kanvinde 和 Deierlein(2006)将该模型的结果与基于 Rice-Tracey 的空穴成长模型进行了比较。Kanvinde 和 Deierlein(2007)将该模型推广到超低周疲劳加载下的延性断裂预测中,并将其命名为循环空穴成长模型(CVGM),该模型具有两个模型参数。这两个参数的标定较复杂,需要对一系列光滑缺口圆棒材性试件进行单调和循环加载试验,但由于试件拓扑的限制,有时无法进行相关试验,例如,薄壁截面构件的厚度通常很小,无法从构件中制造出光滑的缺口圆棒试件。另一方面,由于在实际工程中加载装置和施工成本受限制,通常较难实现试件的循环加载。该模型的另一个问题是损伤指标的计算较复杂,使模型的子程序内嵌和相关数值模拟较困难。Myers 等(2009),Fell 等(2009)应用 CVGM 模型预测了钢柱柱脚节点以及钢支撑的延性断裂问题。研究表明,CVGM 模型参数的标定存在一定困难,模拟中使用的循环塑性模型不能很好地预测试件和节点的循环塑性特性。

1.3 研究目标

本书研究的重点是结构钢在超低周疲劳加载下的延性断裂。目前评估结构钢延性断裂的可用方法有以下几个局限性,如:

(1) 在接近材料断裂的大塑性应变范围内,延性金属缺乏适当的循环塑性本构模型;

(2) 过多塑性和断裂模型参数需要标定;

(3) 当前还没有标定塑性模型或断裂模型参数的标准流程;

(4) 标定模型参数需要特殊拓扑设计的材性试件;

(5) 需要材性循环试验来标定塑性或断裂模型的参数。

本书旨在解决上述限制,并最终建立一个简单的标准化流程模拟钢和铝合金结构的延性断裂,同时仅需要简单的单调拉伸材性试验结果。

1.4 本书框架内容

本书共分为四大部分。第一部分包含第 2 章和第 3 章,阐述结构钢在大塑性应变范围内直至断裂的行为,并建立适当的塑性模型,塑性模型参数标定方法的特点是仅通过简单的单调拉伸材性试件试验结果。第二部分为第 4 章和第 5 章,阐述了结构钢在单调加载下的延性断裂机理,如何建立合理、简洁的断裂模型,以满足材料断裂模型参数易于标定的要求。通过单调拉伸试验以及光滑和带缺口材性试验,验证了所提断裂模型的合理性。第三部分,即第 6 章和第 7 章,主要是对超低周疲劳加载下钢材和铝合金材料进行断裂评估。第四部分,即第 8 章,阐述塑性模型和断裂模型的应用,对钢和铝合金构件、节点和结构在强震循环大塑性应变加载下的超低周疲劳性能进行评估。

第 2 章描述了结构钢在大塑性应变范围内的真实应力-真实应变行为。进行单调材性试验,并提出颈缩后获取真实应力和真实应变的简单方法。

第 3 章采用沙漏形材性试样对结构钢进行循环加载试验,研究几种经典金属循环塑性模型的性能和局限性。对选定的塑性模型进行适当的改进,较好地模拟了结构钢在断裂前的循环塑性行为。通过简单的材性试验,研究了单调加载和循环加载下金属塑性特性之间的相关关系,同时采用单调拉伸试验结果对金属循环塑性模型的参数进行了标定。

第 4 章介绍了结构钢在单调加载作用下的延性断裂机理。建立了考虑裂纹萌生的简单断裂模型,并用几种结构钢带缺口试件的单调拉伸试验结果对该裂纹萌生模型进行了验证。文中还提出了一种利用裂纹萌生规律,仅用拉伸材性试验结果标定断裂模型参数的简单方法。

第 5 章提出了一种在单调加载下包含裂纹萌生和扩展准则的延性断裂模型。该裂纹扩展准则仅有一个参数,即断裂能。提出了一种用单调拉伸试验结果标定裂纹扩展参数的方法。通过我国高强钢 Q460 的试验和数值结果的对比,验证了该断裂模型的有效性和相应标定方法的合理性。

第 6 章介绍了结构钢在变幅超低周疲劳加载下的延性断裂机理,提出了一种超低周疲劳断裂模型来评价结构钢在不同变幅大塑性循环加载下的延性断裂性能。对于单调加载的情况,所提循环断裂模型与单调断裂模型是一致的。然后,通过对比第 2 章中的循环材性试验和相应的数值模拟结果,验证了该循环断裂模型在变幅大塑性循环加载下的适用性。同时利用单调拉伸材性试验对塑性模型和循环断裂模型的参数进行了标定。

第 7 章和第 8 章给出了上述循环塑性模型和循环断裂模型在超低周疲劳加载下钢构件、钢节点中的应用。对不同加载方式下的热处理钢方管短柱、薄壁梁柱节点进行了试验研究。此外,还利用塑性模型和循环断裂模型对上述试件进行了数值模拟。数值计算结果验证了塑性模型和循环断裂模型对金属结构构件和结构超低周疲劳断裂预测的适用性。

第 9 章和第 10 章介绍了超低周疲劳加载下铝合金材料和构件的延性断裂机理及相应的评价方法。提出并验证了仅利用屈服应力、抗拉强度和伸长率等代表性的力学参数获得相关塑性模型参数的方法。第 6 章提出的循环断裂模型不能准确评价铝在等幅超低周加载下的延性断裂性能。本章提出了一种新的评价铝合金结构延性裂纹萌生的循环断裂模型。同样,对于单调加载的情况,该循环断裂模型也与单调断裂模型一致。通过对比沙漏形铝合金试件的循环加载试验和相应的数值模拟结果,验证了所提循环断裂模型的合理性。

第 11 章介绍了本书得出的主要结论和所采用方法的局限性,并在此基础上总结了金属结构超低周疲劳断裂领域尚需进一步研究工作。

塑性模型在超低周疲劳断裂评估中起着重要作用,附录中描述了所提出的改进的 Yoshida-Uemori 模型的实现方法,供读者参考,其中合适的算法对于确保高非线性断裂数值分析的准确性、效率和收敛性至关重要。

参考文献

AIJ,1995. Fracture in steel structures during a severe earthquake[R]. Architectural Institute of Japan, Tokyo.

Anderson T L,2005. Fracture mechanics: fundamentals and applications[M]. Taylor & Francis.

Bai Y, Bao Y, Wierzbicki T,2006. Fracture of prismatic aluminum tubes under reverse straining[J]. International Journal of Impact Engineering,32(5):671-701.

Bai Y, Wierzbicki T,2008. A new model of metal plasticity and fracture with pressure and Lode dependence[J]. International Journal of Plasticity,24(6):1071-1096.

Bao Y, Wierzbicki T,2004. On fracture locus in the equivalent strain and stress triaxiality space[J]. International Journal of Mechanical Sciences,46(1):81-98.

Bruneau M, Wilson J C, Tremblay R,1996. Performance of steel bridges during the 1995 Hyogo-ken Nanbu (Kobe, Japan) earthquake[J]. Canadian Journal of Civil Engineering,23(3):678-713.

Chaboche J L, 1984. Anisotropic creep damage in the framework of continuum damage mechanics[J]. Nuclear Engineering and Design, 79(3):309-319.

Chen C-C, Lin C-C, 2013. Seismic performance of steel beam-to-column moment connections with tapered beam flanges[J]. Engineering Structures, 48:588-601.

Chi B, Uang C, 2002. Cyclic response and design recommendations of reduced beam section moment connections with deep columns[J]. Journal of Structural Engineering, 128(4):464-473.

Chi W, Kanvinde A, Deierlein G, 2006. Prediction of ductile fracture in steel connections using SMCS criterion[J]. Journal of Structural Engineering, 132(2):171-181.

Fell B, Kanvinde A, Deierlein G, et al., 2009. Experimental investigation of inelastic cyclic buckling and fracture of steel braces[J]. Journal of Structural Engineering, 135(1):19-32.

FEMA-288, 1997. Background reports on metallurgy, fracture mechanics, welding, moment connections and frame systems behavior[R]. Federal Emergency Management Agency, Washington, D. C.

FEMA-350, 2000. Recommended seismic design criteria for new steel moment-frame buildings[R]. Federal Emergency Management Agency, Washington, D. C.

FEMA-351, 2000. Recommended seismic evaluation and upgrade criteria for existing welded steel moment-frame buildings[R]. Federal Emergency Management Agency, Washington, D. C.

FEMA-352, 2000. Recommended post earthquake evaluation and repair criteria for welded steel moment-frame buildings[R]. Federal Emergency Management Agency, Washington, D. C.

FEMA-355A, 2000. State of the art report on base materials and fracture[R]. Federal Emergency Management Agency, Washington, D. C.

Gilton C, Uang C M, 2002. Cyclic response and design recommendations of weak-axis reduced beam section moment connections[J]. Journal of Structural Engineering, 128(4):452-463.

Gurson A L, 1977. Continuum theory of ductile rupture by void nucleation and growth. Part I. Yield criteria and flow rules for porous ductile media[J]. Journal of Engineering Materials and Technology, 99:2-15.

Iwashita T, Kurobane Y, Azuma K, et al., 2003. Prediction of brittle fracture initiating at ends of CJP groove welded joints with defects: study into applicability of failure assessment diagram approach[J]. Engineering Structures, 25(14):1815-1826.

The Building Center of Japan, 2003. Guidelines for prevention of brittle fracture at the beam ends of welded beam-to-column connections in steel frames[S]. The Building Center of Japan, Tokyo.

Jia L-J, Kuwamura H, 2014. Ductile fracture simulation of structural steels under monotonic tension [J]. Journal of Structural Engineering 140(5):04013115.

Jia L-J, Kuwamura H, 2015. Ductile fracture model for structural steel under cyclic large strain loading[J]. Journal of Constructional Steel Research, 106:110-121.

Johnson G R, Cook W H, 1985. Fracture characteristics of three metals subjected to various strains, strain rates, temperatures and pressures[J]. Engineering Fracture Mechanics, 21(1):31-48.

Jones S, Fry G, Engelhardt M, 2002. Experimental evaluation of cyclically loaded reduced beam section moment connections[J]. Journal of Structural Engineering, 128(4):441-451.

Kachanov L M, 1958. Time of the rupture process under creep conditions[J]. Izvestiya Akademii Nauk SSSR Otdelenie Tekniches, 8:26-31.

Kanvinde A, Deierlein G, 2007. Cyclic void growth model to assess ductile fracture initiation in structural steels due to ultra low cycle fatigue[J]. Journal of Engineering Mechanics, 133(6):701-712.

Kim T, Whittaker A, Gilani A, et al., 2002a. Cover-plate and flange-plate steel moment-resisting connections[J]. Journal of Structural Engineering, 128(4):474-482.

Kim T, Whittaker A, Gilani A, et al., 2002b. Experimental evaluation of plate-reinforced steel moment-resisting connections[J]. Journal of Structural Engineering, 128(4):483-491.

Kuwamura H, 1998. Fracture of steel during an earthquake-state-of-the-art in Japan[J]. Engineering Structures, 20(4-6):310-322.

Kuwamura H, Yamamoto K, 1997. Ductile crack as trigger of brittle fracture in steel[J]. Journal of Structural Engineering, 123(6):729-735.

Kuwamura Lab, 1995. Field survey report on structural damage during the 1995 Hyogoken-Nanbu Earthquake[R]. Kuwamura Lab, School of Engineering, The Univ. of Tokyo, Tokyo.

Lemaitre J, 1985. A continuum damage mechanics model for ductile fracture[J]. Journal of Engineering Materials and Technology, 107(1):83-89.

Liu Y, Jia L-J, Ge H B, et al., 2017. Ductile-fatigue transition fracture mode of welded T-joints under quasi-static cyclic large plastic strain loading[J]. Engineering Fracture Mechanics, 176:38-60.

Mahin S A, 1998. Lessons from damage to steel buildings during the Northridge earthquake[J]. Engineering Structures, 20(4-6):261-270.

Marino B, Mudry F, Pineau A, 1985. Experimental study of cavity growth in ductile rupture[J]. Engineering Fracture Mechanics, 22(6):989-996.

McClintock F A, 1968. A criterion for ductile fracture by the growth of holes[J]. Journal of Applied Mechanics, 35(2):363-371.

Myers A T, Kanvinde A M, Deierlein G G, et al., 2009. Effect of weld details on the ductility of steel column baseplate connections[J]. Journal of Constructional Steel Research, 65(6):1366-1373.

Norris D M, Reaugh J E, Moran B, et al., 1977. A Plastic-strain, mean-stress criterion for ductile fracture [J]. Journal of Engineering Materials and Technology, 100:279-286.

Okazaki T, Lignos D G, Midorikawa M, et al., 2013. Damage to steel buildings observed after the 2011 Tohoku-Oki Earthquake[J]. Earthquake Spectra, 29(S1):S219-S243.

Oyane M, Sato T, Okimoto K, et al., 1980. Criteria for ductile fracture and their applications[J]. Journal of Mechanical Working Technology, 4(1):65-81.

Pirondi A, Bonora N, 2003. Modeling ductile damage under fully reversed cycling[J]. Computational Materials Science, 26:129-141.

Ramirez C M, Lignos D G, Miranda E, et al., 2012. Fragility functions for pre-Northridge welded steel moment-resisting beam-to-column connections[J]. Engineering Structures, 45:574-584.

Rice J R, Tracey D M, 1969. On the ductile enlargement of voids in triaxial stress fields[J]. Journal of the Mechanics and Physics of Solids, 17(3):201-217.

Sumner E，Murray T，2002. Behavior of extended end-plate moment connections subject to cyclic loading [J]. Journal of Structural Engineering，128(4):501-508.

Tvergaard V，1981. Influence of voids on shear band instabilities under plane strain conditions[J]. International Journal of Fracture，17(4):389-407.

Tvergaard V，1982. On localization in ductile materials containing spherical voids[J]. International Journal of Fracture，18(4):237-252.

Tvergaard V，Needleman A，1984. Analysis of the cup-cone fracture in a round tensile bar[J]. Acta Metallurgica，32(1):157-169.

第 2 章　单调加载下大应变域的
结构钢应力‐应变特性

2.1　概述

随着计算机的发展和商用软件的普及,有限元法已成为解决弹塑性工程问题的有力工具。对于弹塑性数值模拟,有限元法需要单轴真实应力‐真实应变数据,这通常是从单轴拉伸材性试验中获得。然而,拉伸材性试件颈缩开始后,应力状态由单轴受力变为三轴受力状态,造成很难获得颈缩后(即大应变域)单轴真实应力‐真实应变数据。虽然颈缩后的真实应力‐真实应变关系非常重要,特别是在延性断裂问题上,已有一些颈缩后真实应力‐真实应变修正的经验方法被提出,如布里奇曼(Bridgman)修正法(1952)和加权平均法(Weighted Average, WA)方法(Ling, 1996)。然而,由于相关方法的复杂性或精度的问题,在实践中,上述方法仍具有较大的局限性。

基于三个假设,作者提出了一种修正的加权平均法(Modified Weighted Average, MWA; Jia and Kuwamura, 2014)。通过试验和数值结果的对比可以发现:MWA 方法能够预测颈缩后单调拉伸材性试件的全程力学特性,在此基础上,使用 MWA 方法获取材料直至断裂的全过程真实应力‐真实应变数据,并为相关循环塑性和断裂分析提供支持。

2.2　颈缩后真实应力‐真实应变

2.2.1　真实应力‐真实应变的定义

对于受单轴拉伸的均匀截面材性试件,初始截面面积和长度分别用 A_0 和 l_0 表示,当前的截面面积和长度分别为 A 和 l。给定增量长度变化 $\mathrm{d}l$,增量应变 $\mathrm{d}\varepsilon$ 定义为

$$\mathrm{d}\varepsilon = \frac{\mathrm{d}l}{l} \tag{2-1}$$

总应变可由式(2-1)通过积分计算得到:

$$\varepsilon = \int_0^\varepsilon \mathrm{d}\varepsilon = \int_{l_0}^l \frac{\mathrm{d}l}{l} = \ln\frac{l}{l_0} \tag{2-2}$$

式(2-2)定义的应变称为真实应变、自然应变或对数应变。

工程应变 e 的定义如下：

$$e = \frac{l - l_0}{l_0} \tag{2-3}$$

对应的工程应力 s 的定义为

$$s = \frac{P}{A_0} \tag{2-4}$$

真实应力可表达为

$$\sigma = \frac{P}{A} \tag{2-5}$$

工程应力和工程应变是根据材性试件未变形的形态来定义的，而真实应力和真实应变的定义考虑了横截面面积的减小。

以上定义的前提是材性试件处于单轴应力状态下，且应力-应变分布均匀。当颈缩开始后，应力状态将由单轴状态变为三轴状态，无法直接通过试验测得单轴真实应力和真实应变。然而，在实际工程及研究过程中，数值模拟不仅要求颈缩前的应力-应变特性，还需要颈缩后的单轴真实应力-真实应变数据。

假设对于任何应力状态，都存在等效的单轴应力状态。那么，我们只需要将三轴应力状态下的应力和应变映射到单轴应力状态。von-Mises 等效单轴应力通常适用于金属材料：

$$\sigma_e = \sqrt{\frac{1}{2}\left[(\sigma_x - \sigma_y)^2 + (\sigma_y - \sigma_z)^2 + (\sigma_z - \sigma_x)^2 + 6(\tau_{xy}^2 + \tau_{yz}^2 + \tau_{zx}^2)\right]} \tag{2-6}$$

式中　σ_x，σ_y，σ_z ——相应的正应力分量；

　　　　τ_{xy}，τ_{yz}，τ_{zx} ——相应的剪应力分量。

类似地，等效单轴应变也可以有如下定义：

$$\varepsilon_e = \int_0^{\varepsilon_e} d\varepsilon_e \tag{2-7}$$

式中，

$$d\varepsilon_e = \sqrt{\frac{2}{9}\left[(d\varepsilon_x - d\varepsilon_y)^2 + (d\varepsilon_y - d\varepsilon_z)^2 + (d\varepsilon_z - d\varepsilon_x)^2 + 6(d\gamma_{xy}^2 + d\gamma_{yz}^2 + d\gamma_{zx}^2)\right]}$$

$$\tag{2-8}$$

式中　ε_x，ε_y，ε_z ——相应的法向应变分量；

　　　　γ_{xy}，γ_{yz}，γ_{zx} ——相应的剪切应变分量。

在大应变分析中，有许多不同的应变定义，例如，阿尔曼西(Almansi)应变、对数应变、格林(Green)应变，不同的定义给出了不同的应变值。在金属塑性力学中，经常采用对数应变。在 ABAQUS 等有限元软件中,应变可由变形梯度计算获得,这在文献中有详细介绍(Dunne and Petrinic,2005)。

当颈缩开始后,采用等效应力和等效应变输入真实应力-真实应变数据,即

$$\sigma_e = \sigma, \ \varepsilon_e = \varepsilon \tag{2-9}$$

2.2.2 颈缩发生的条件

在分析颈缩后的应力-应变状态之前,有必要首先阐明颈缩发生条件。根据金属材料的体积不变假定(此处忽略了金属材料弹性应力造成的体积变化),可以得到

$$\mathrm{d}\varepsilon = -\frac{\mathrm{d}A}{A} \tag{2-10}$$

假设颈缩在试件试验的荷载-变形曲线峰值处开始,其中力的增量 $\mathrm{d}P$ 为零。对 P 进行微分,可得

$$\mathrm{d}P = A \cdot \mathrm{d}\sigma + \sigma \cdot \mathrm{d}A = 0 \tag{2-11}$$

将式(2-10)代入式(2-11),可以得到颈缩的发生条件为

$$\sigma = \frac{\mathrm{d}\sigma}{\mathrm{d}\varepsilon} \tag{2-12}$$

式(2-12)表明,颈缩的发生条件为当前真实应力等于当前真实应力的梯度。上述结果是固体力学中已被众所周知和普遍接受的结论。

2.2.3 简单修正法

常用颈缩后真实应力-真实应变修正方法的公式,即简单修正法,也就是从拉伸材性试验中获得真实应力和真实应变。

在体积不变的假定下,即 $A_0 l_0 = Al$,则真实应力的计算公式为

$$\sigma = \frac{P}{A} = s \cdot (1+e) \tag{2-13}$$

真实应变可按照下式计算:

$$\varepsilon = \ln \frac{l}{l_0} = 2\ln \frac{d_0}{d} = \ln(1+e) \tag{2-14}$$

然而,上述方程仅适用于材性试件颈缩发生之前,因为当颈缩发生后,变形将集中于颈缩区域,该区域将由单轴应力状态变为三轴应力状态,单轴应力状态下的计算公式失效。

2.2.4 加权平均法

真实应力和真实应变的简单修正方法基于以下两个假定:

假定 1:试件沿长度方向的应变分布是均匀的。

假定 2:横截面的应力分布均匀。

然而,这两个假定在试件颈缩开始后都不成立了,颈缩后,试件横截面上的应力和应变皆不再均匀分布。颈缩处的应力状态将变为三轴状态,在颈缩开始后,必须修改公式(2-13)得出的真实应力,公式(2-14)计算所得的真实应变也不准确。以往的研究人员在预测颈缩区内的真实应力和真实应变方面做了一些努力,并提出了几种方法,最著名的是物理学家布里奇曼提出的。然而,由于该方法中所需的变量比较难以获取,实际应用比较困难,且该方法也不适用于矩形截面的平板型材性试件。

加权平均法假定颈缩后真实应力-真实应变曲线的经验下限,并假定曲线的上限为一个线性函数(Ling,1996)。假定曲线的下限符合幂函数,可通过拟合颈缩前的真实应力-真实应变曲线外推。然而,作者通过试验发现该方法有时无法获得准确的模拟结果,因为加权平均法假定的下限会高估某些金属在颈缩后的真实应力,造成假定的下限实际上并不总是真实应力-真实应变曲线的下限。

2.2.5　修正加权平均法

1. 假定条件

当满足式(2-12)的条件时,颈缩开始。颈缩开始后,用简单修正法得到的真实应力-真实应变曲线不够准确。根据软钢的材性试验结果可以做出以下三个假定。

假定 1:颈缩后的硬化模量小于颈缩开始点处的硬化模量,这符合 Ling 提出的上限假设。因此,颈缩开始时的真实应力是颈缩后硬化模量的上限。

假定 2:颈缩后的硬化模量大于零,这意味着零是颈缩后硬化模量的下限。

假定 3:颈缩后的真实应力-真实应变曲线几乎是线性的,这表明颈缩后的硬化模量大约是一个常数。通过布里奇曼的经典试验,证明了这一假定对许多大塑性应变范围的钢是有效的。

根据假定 1,颈缩后真实应力的上限可表示为

$$\sigma = \sigma_{\text{neck}} + \sigma_{\text{neck}}(\varepsilon - \varepsilon_{\text{neck}}) \tag{2-15}$$

式中　σ_{neck},$\varepsilon_{\text{neck}}$——颈缩开始时的真实应力和真实应变;

　　σ,ε——当前的真实应力和真实应变。

根据假定 2,常数 σ_{neck} 是颈缩后真实应力的下限(硬化模量为零)。根据假定 3,可得到颈缩后上限与下限之间的最优加权平均因子 ω,从而可以得到与材料颈缩后实际曲线最接近的硬化模量。利用加权平均因子,可以推导出颈缩后的真实应力如下:

$$\sigma = \sigma_{\text{neck}} + \omega \cdot \sigma_{\text{neck}}(\varepsilon - \varepsilon_{\text{neck}}) \tag{2-16}$$

式中,σ_{neck} 和 $\varepsilon_{\text{neck}}$ 的值由简单修正法可以很容易获取。

为了获得最佳加权平均因子 ω,需要测量试件最小横截面的直径(也可以测量标距内的

伸长,但最小截面的直径数据精度更高),并进行多次迭代,通过数值模拟获得试验荷载-变形曲线的最佳拟合。

2. 修正加权平均法的详细步骤

步骤 1:根据式(2-13)和式(2-14)计算真实应力和真实应变,并获得 σ_{neck} 和 ε_{neck}。

步骤 2:给出初始值 ω,例如 $\omega= 0.5$,并根据式(2-16)修改大于 σ_{neck} 的真实应力。

步骤 3:利用步骤 2 得到的材料数据对试验结果进行数值模拟,并将试验荷载-变形曲线与模拟结果进行比较。

步骤 4:如果步骤 3 的数值结果与试验结果对比结果良好,则 ω 为最优值;如果对比结果不好,回到步骤 2,根据对比结果给出一个新的 ω(如果数值结果的荷载-变形曲线高于试验的荷载-变形曲线,则重新给定一个较小的 ω 值,反之亦然),重复循环,直到对比结果满意为止。

2.3 试验

2.3.1 材料

材性试棒的材料为低碳钢 SS400,符合日本工业标准(G3101,2015),制造商提供的材料性能和化学成分分别如表 2-1、表 2-2 所示。

表 2-1　　　　　　　　钢材材料特性（合格证数据）

等级	屈服强度/(N·mm^{-2})	抗拉强度/(N·mm^{-2})	伸长率/%
SS400	265	462	35

表 2-2　　　　　　　钢材化学成分表(质量)　　　　　　　　%

等级	C	Si	Mn	P	S
SS400	0.2	0.15	0.8	0.18	0.04

2.3.2 材性试件设计

为了验证作者所提出的修正加权平均法,根据 JIS 标准(JIS—Z2201,2005)设计了两个拉伸试件,如图 2-1 所示。考虑到试验机的加载能力,最小截面直径设计为 10 mm。关于材性试件的设计,均匀截面段长度足够长,确保在颈缩开始前引伸计标距内截面的应力和应变均匀分布。两个材性试件加工自一块 65 mm 厚的钢板。众所周知,杂质通常聚集在厚钢板的中间附近,因此上述材性试件均加工自靠近钢板表面的部分,避免受杂质影响。

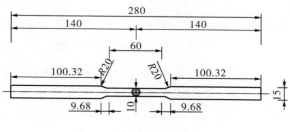

图 2-1　拉伸材性试件外形

2.3.3　加载及测试方案

该材性试验在东京大学钢结构教研室的试验室完成加载测试。加载及测试装置如图 2-2所示,其中试件一端固接,另一端施加强制拉伸位移。使用两维激光位移计 Keyence TM-3000 测量试样的最小直径,不同于普通的一维激光位移计,该位移计可以同时测得多个截面的直径,同时可以获取测量范围内的最小直径。由于空间有限,设置引伸计比较困难,故本试验没有测量试件的伸长量。试验同时采用大塑性应变片获取更精确的应变结果,不过应变片会在试件断裂前破坏,测试的应变极限能达到 20% 左右。

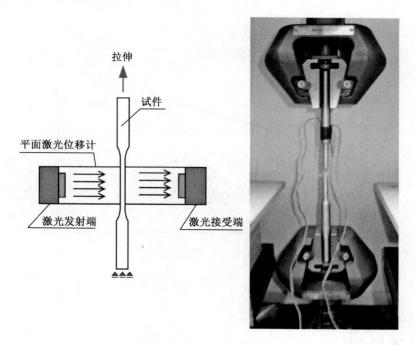

图 2-2　材性试件加载测试方案

2.3.4　试验结果

试件 KAcoupon1 和试件 KAcoupon2 的荷载-变形曲线如图 2-3 所示。可以发现,除了试件 KAcoupon1 的噪声比试件 KAcoupon2 的大一些之外,二者几乎相同。本书采用的是试件 KAcoupon2 的测试数据。如图 2-4 所示,通过试件 KAcoupon2 的测试结果示意了修正加权平均法。结果表明,用简单修正法得到的真实应力-真实应变曲线位于修正加权平均法的上、下限之间,且颈缩后的应力-应变曲线近似线性,这也验证了修正加权平均法假定的合理性。

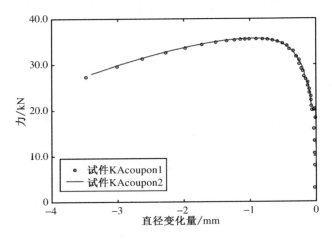

图 2-3   材性试件的荷载-直径变化曲线图

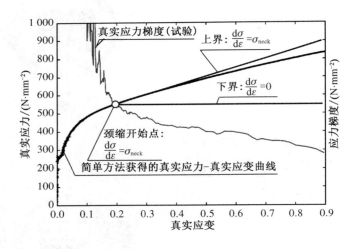

图 2-4   试件 KAcoupon2 的应力梯度

2.4   数值模拟

如图 2-5 所示,本数值分析采用 ABAQUS 中的 CAX8 轴对称单元,建立了材性试件的 1/4 有限元模型。数值分析仅模拟了标距内具有均匀截面的部分,并在左端施加对称的边界条件,右端采用位移加载。采用 ABAQUS 非线性各向同性强化模型进行了分析。屈服准则是 Mises 屈服函数,流动准则为关联流动法则,这些在金属材料中是常用的。

对于具有与试件相同名义几何尺寸的理想对称数值模型,很难模拟出颈缩的行为,因为数值模型会一直均匀伸长而不发生颈缩变形。为了模拟颈缩,沿试件纵向方向给有限元模型一个较小的楔形几何缺陷,如图 2-5 所示。试样中心截面的半径为 5.0 mm,而均匀部分的末端半径增加至 5.1 mm。由于坡度只

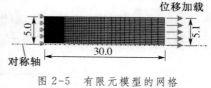

图 2-5　有限元模型的网格
划分(单位:mm)

有 0.33%,不会对整体力-位移曲线产生明显的影响。值得注意的是:颈缩处的应力状态是三轴的,数值模拟结果并不是试验应力-应变曲线的复制。

通过简单修正法、加权平均法和修正加权平均法得到的真实应力-真实应变曲线如图 2-6 所示。颈缩时的真实应力和真实应变分别为 558 MPa 和 0.20。加权平均法和修正加权平均法的加权因子 ω 数值分别为 0 和 0.425。对于本试验,加权平均法得到的真实应力-真实应变数据恰好是其下限,即曲线可由幂函数表达。

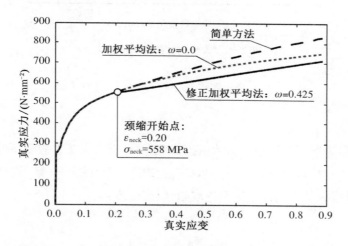

图 2-6　三种颈缩后修正方法得到的真实应力-真实应变对比

2.5　试验和模拟结果对比

试验的荷载-变形曲线与上述 3 种方法获得的真实应力-真实应变数据的数值结果对比如图 2-7 所示。结果表明,颈缩前 3 种方法的模拟结果与试验结果吻合良好,而简单修正法和加权平均法高估了颈缩后的力。作者提出的修正加权平均法即使在塑性应变非常大的情况下也能给出精确的结果。3 种方法之间的差异随着应变的增加而增大。

根据布里奇曼(1952)对多种钢材进行了经典的静水压单调拉伸材性试验,结果显示被测软钢的颈缩起始应变都在 20% 附近,颈缩后的应力-应变关系近似线性。一般认为,低碳钢在发生颈缩后会继续硬化。因此,修正加权平均法的 3 个假设一般是成立的,并且可以认

为该方法适用于单调拉伸加载下的各种软钢。

根据贝松等人(2001)的光滑圆棒单调拉伸材性试验结果可知:只有在接近全截面断裂的时刻,空穴对应力-应变行为的影响才会变得明显。因此,用修正加权平均法预测结构钢直至断裂的应力-应变行为是合理的。

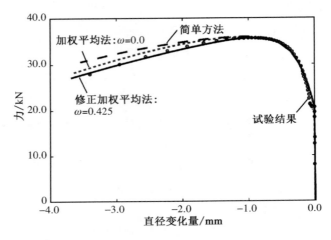

图 2-7   试验和数值结果的对比

2.6   小结

本章对低碳钢进行了单调拉伸材性试验,阐述并分析了大塑性应变下的真实应力-真实应变行为。提出了一种颈缩后真实应力-真实应变的修正方法——修正加权平均法。该方法简单易行,能较好评价大塑性应变下的应力-应变行为。

参考文献

ABAQUS, 2010. ABAQUS standard manual (Version 6. 10)[Z]. Karlsson & Sorensen Inc., Hibbitt. Pawtucket (RI, USA).

Besson J, Steglich D, Brocks W, 2001. Modeling of crack growth in round bars and plane strain specimens [J]. International Journal of Solids and Structures, 38(46):8259-8284.

Bridgman P W, 1952. Studies in large plastic flow and fracture[M]. McGraw-Hill, New York.

Dunne F, Petrinic N, 2005. Introduction to computational plasticity[M]. Oxford University Press.

G3101, 2015. Rolled steels for general structure[S]. Japanese Industrial Standards Committee, Tokyo.

Jia L-J, Kuwamura H, 2014. Ductile fracture simulation of structural steels under monotonic tension[J]. Journal of Structural Engineering, 140(5):04013115.

JIS-Z2201, 2005. Test pieces for tensile test for metallic materials[S]. JIS, Tokyo.

Ling Y, 1996. Uniaxial true stress-strain after necking[J]. AMP Journal of Technology, 5:37-48.

第 3 章　大塑性应变循环加载下结构钢的本构特性

3.1　概述

金属循环塑性模型在金属结构的抗震性能评估中具有重要意义。在实际工程应用中，土木工程相关研究人员和工程师通常仅能获取单调拉伸材性试验结果，并用来标定循环塑性模型的参数。然而，由于有限数据、塑性模型本身以及模型参数标定方法等的限制，模拟结果往往不能令人满意。

在本章中，作者设计了一个盲测试验流程，包括 7 个滞回材性试件和 2 个单调拉伸材性试件，用以找到合适的金属循环塑性模型及其合理的参数标定方法，且仅需要获取材料的单调拉伸材性试验结果。盲测试验是一种科学试验方法，测试过程中对参与人员故意屏蔽一些可能导致检测结果偏差的信息。盲测试验方法可以防止测试结果受主观意识的影响。在试验过程中每一个试件的模型参数的标定都是基于盲测的概念，使分析人员事先无法了解模拟对象的真实试验结果，确保试验过程的客观性。一旦模拟结果与试验结果吻合良好，就可以找到一种模型参数标定的标准方法，并保证其可靠性，该方法也可应用于其他试验结果的标定。

考察 3 个常用的金属循环塑性模型，即 Prager 模型、Chaboche 模型（又被称为多参数 Armstrong-Frederick 模型）和 Yoshida-Uemori 模型。通过盲测试验发现，Chaboche 模型对大多数试件都有较好的模拟结果，Yoshida-Uemori 模型经过适当的改进也能给出较好的预测结果(Jia and Kuwamura，2014a)。

3.2　金属循环塑性模型

3.2.1　金属塑性模型数学原理相关综述

1. 率不相关金属塑性概述

一般来说，为了描述金属循环塑性行为，必须给出以下 3 个条件：

（1）定义屈服条件的屈服函数；

（2）描述塑性应变演化规律的流动法则；

（3）描述后继屈服面的强化准则。

对于金属塑性，通常采用 Mises 屈服函数和相关流动法则，因此本章也采用上述屈服函数和流动法则，本章主要关注强化准则。金属塑性有两种基本强化准则，即各向同性强化（Isotopic Hardening, IH）和随动强化（Kinematic Hardening, KH）。由于单纯的各向同性强化准则不能描述金属循环加载中出现的包辛格效应，因此大部分的强化准则是随动强化准则或基于二者的结合。由于屈服函数和流动法则是确定的，下面的术语"强化模型"表示具有 Mises 屈服函数和相关流动法则的强化模型。

各向同性强化通常通过一个标量 R 引入的，该参数表征了屈服面大小的变化量，随着 R 的增加，材料的弹性域范围也随着增大。R 可表达为等效塑性应变的函数：

$$R = R(\varepsilon_{eq}^{P}) \tag{3-1}$$

式中，ε_{eq}^{P} 为等效塑性应变。

最常用的各向同性强化模型是线性各向同性强化模型，如图3-1所示，其中，R 是 ε_{eq}^{P} 的线性函数，该函数也可以是非线性函数。

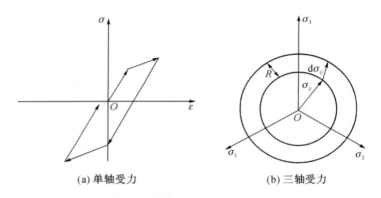

(a) 单轴受力　　　　　　　(b) 三轴受力

图 3-1　线性各向同性强化模型示意图

金属的硬化模型最简单的线性随动强化模型称为 Prager 模型（Prager，1949），其中随动强化的演化是通过一个背应力变量 α 来表达的，该参数可表达为塑性应变的线性函数：

$$d\alpha = C_0 \, d\varepsilon_P \tag{3-2}$$

式中　C_0——模型参数；

$d\varepsilon_P$——塑性应变增量。

具有 Mises 屈服函数的 Prager 模型可以表示为

$$f = \sqrt{\frac{3}{2}(S - \alpha) : (S - \alpha)} - \sigma_{y0} = 0 \tag{3-3}$$

式中　f——屈服函数;

　　　S, α——偏应力张量和背应力张量;

　　　σ_{y0}——初始屈服强度。

线性随动强化准则在预测材料强化的随动强化分量时通常过于粗糙。一系列常用的材料强化模型都源自(Iwan, 1967; Mróz, 1967)最初提出的多面模型,该模型利用应力空间中的一系列曲面来描述应力强化的演化。然而,该模型的主要缺点之一是其演化规律过于复杂,难以实际应用。在该模型中,屈服面是其内部最小的曲面,可以在一系列回弹面内移动。当屈服面与后继回弹面接触时,该边界面被定义为激活面。激活面的迁移规则由 Mróz 规则给出。

在多面模型的框架内,双面模型应用最广泛,已有许多材料强化模型被提出。起初由 Dafalias, Popov(1975, 1976)和 Krieg (1975)分别独立提出了两个双面塑性模型,他们仅利用两个曲面来描述金属材料的非线性行为,即屈服面和回弹面。屈服面用于定义屈服条件,回弹面用于定义应力状态的极限状态。

众所周知,除非在很大的应变下,大多数金属的演化规律不是线性的。在 Dafalias, Popov 和 Krieg 提出的两个双面模型中,非线性行为是通过连续变化的塑性模量来描述的。Frederick 和 Armstrong(2007)提出了另一种描述非线性的方法,将一个松弛项引入到背应力中。通过添加一个称为"动态恢复"的松弛项对线性随动强化准则进行了修改,即

$$\mathrm{d}\alpha = \frac{2}{3}C\mathrm{d}\varepsilon_P - \gamma \cdot \alpha \cdot \mathrm{d}\varepsilon_{eq}^P \qquad (3\text{-}4)$$

式中　$\mathrm{d}\varepsilon_{eq}^P$——等效塑性应变增量;

　　　C, γ——模型参数。

只有一个背应力的强化模型通常不能很好地模拟金属的循环塑性行为,随动强化分量在不同应变范围内通常具有不同的演化速率。Chaboche 和 Dang(1979, 1986)通过叠加多个独立背应力的组合而得到了多参数 Armstrong-Frederick 模型,又称 Chaboche 模型,这可以很好地描述不同材料在不同应变范围内的非线性塑性行为。含有多个背应力的随动强化准则如式(3-5)所示,它可以更好地描述弹性域-塑性域的转变区。

$$\alpha = \sum_i^n \alpha_i; \quad \mathrm{d}\alpha_i = \frac{2}{3}C_i\mathrm{d}\varepsilon_P - \gamma_i \cdot \alpha_i \cdot \mathrm{d}\varepsilon_{eq}^P \qquad (3\text{-}5)$$

式中, α_i, n 分别为第 i 个背应力以及背应力的个数。

Chaboche 模型起初仅考虑材料的随动强化分量,后续又添加了各向同性强化分量。在本章中,仅有随动强化分量的 Chaboche 模型称为 Chaboche 随动强化模型,而同时考虑了随动强化和各向同性强化的 Chaboche 模型称为 Chaboche 混合强化模型。

对于许多金属材料,如 316 不锈钢,在应变控制循环加载试验中可发现:首先在较小应变范围内通过多次循环加载使其应力趋于稳定,如果后续再提高加载应变幅值,材料仍会发

生后续循环硬化。这种效应称为塑性范围记忆效应（Chaboche and Dang，1979）。Chaboche，Dang 首先提出了一种基于塑性应变的状态变量来描述这个现象。Ohno 等（Ohno，1982；Ohno and Kachi，1986）通过在塑性应变空间引入一个非强化面，进一步推广了该方法。针对结构钢，Shen 等（Shen，et al.，1995；Mamaghani，et al.，1995）提出了一种改进的非强化面双面塑性模型，该模型可以较好描述屈服平台范围内的结构钢循环塑性行为。Yoshida 和 Uemori（2002）提出了一种不同的方法来考虑这种影响，该方法在应力空间定义了一个非强化面。Yoshida-Uemori 模型还采用了与 Ohno 模型不同的混合强化准则，且其中的各向同性强化分量和随动强化分量是相互耦合的。

2. 本章采用的模型

本章选取 Prager 模型、最常用的 Chaboche 模型（Chaboche 随动强化模型和 Chaboche 混合强化模型）和新提出的 Yoshida-Uemori 模型来模拟结构钢的循环塑性。对 Yoshida-Uemori 模型进行适当改进，通过试验结果与数值结果比较，对改进后的模型进行标定。所有模型的模型参数仅根据拉伸材性试验结果进行标定。各个模型的本构方程将在后序章节中详细介绍。

3. 2. 2　Prager 模型

Prager 模型是模拟金属包辛格效应最基本的模型之一，被称为线性随动强化模型。如果使用 Mises 屈服函数，式(3-2)可写成

$$d\alpha = C_0 (\sigma - \alpha) d\varepsilon_{eq}^{P} \tag{3-6}$$

式中　C_0——模型材料参数；

　　　α——初始值为零。

该强化模型如图 3-2 所示。文献指出，Prager 模型仅在 5% 的应变范围内是合理的（ABAQUS，2010）。

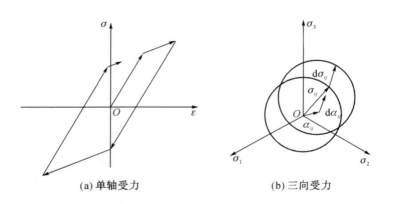

(a) 单轴受力　　　　　　　　　(b) 三向受力

图 3-2　Prager 模型示意图

3.2.3　Chaboche 随动强化模型

Chaboche 模型是目前有限元软件中应用最广泛的循环塑性模型之一,ABAQUS 中也包含该模型。但软件使用指南中同时也指出该模型参数过多,需要进行一系列循环材性试验来标定模型参数。

本章采用 Chaboche 随动强化模型和 Chaboche 混合强化模型。不考虑各向同性强化的 Chaboche 模型在 ABAQUS 中称为非线性随动强化模型,考虑各向同性强化的 Chaboche 模型,称为混合强化模型。

对于这两个模型,随动强化是由一系列组合的背应力来模拟的。将背应力的演化规律定义为 Prager 模型和一个动力松弛项的组合,引入动力松弛项可以实现背应力的非线性演化,这样能更准确模拟金属材料的非线性塑性行为。此外,研究还发现不同应变范围内的背应力演化速率不同,故采用不同演化规律的多个背应力组合可以改善塑性模型的精度。每个背应力的演化规则定义如下:

$$\mathrm{d}\alpha_i = C_i \frac{1}{\sigma_{y0}} (S - \alpha_i) \mathrm{d}\varepsilon_{eq}^{P} - \gamma_i \cdot \alpha_i \cdot \mathrm{d}\varepsilon_{eq}^{P} \tag{3-7}$$

式中,C_i 和 γ_i 都是相应的模型参数,总的背应力可以写成:

$$\alpha = \sum_{i=1}^{n} \alpha_i \tag{3-8}$$

每个背应力的演化规则不同,可以分别覆盖不同的应变域。

Chaboche 混合强化模型是一个同时含有随动强化和各向同性强化分量的混合强化模型,其随动强化分量的表达与 Chaboche 随动强化模型的相同。屈服面各向同性强化分量的演化规则由 Zaverl 等(1978)提出:

$$\mathrm{d}R = k(Q_\infty - R) \mathrm{d}\varepsilon_{eq}^{P} \tag{3-9}$$

式中　R, $\mathrm{d}R$——分别是屈服面尺寸变化量及其增量;

　　　　k——描述各向同性强化速率的模型参数;

　　　　Q_∞——屈服面的最大尺寸改变量(即屈服面的最大尺寸为 $\sigma_{y0} + Q_\infty$)。

在单轴应力条件下,包含各向同性强化分量的屈服面的演化规则可以表达为

$$\sigma = \sigma_{y0} + R = \sigma_{y0} + Q_\infty (1 - \mathrm{e}^{-k \cdot \varepsilon_{eq}^{P}}) \tag{3-10}$$

单轴应力状态下的混合强化模型,如图 3-3 所示,图中采用了 3 个背应力,其中一个背应力具有线性演化规则。

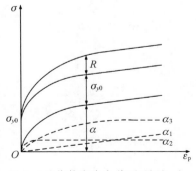

图 3-3　单轴应力条件下 Chaboche 混合强化模型的示意图

3.2.4 Yoshida-Uemori 模型

Yoshida-Uemori 模型是一个双面循环塑性模型。该模型是一个相对较新的模型,但已经被嵌入到 LS-Dyna 等一些有限元软件中。它是一个具有固定尺寸的屈服面和变化尺寸的回弹面的混合强化模型。具有 Mises 屈服函数

模型的屈服面可以表示为

$$f = \sqrt{\frac{3}{2}(S-\alpha):(S-\alpha)} - \sigma_{y0} = 0 \tag{3-11}$$

如图 3-4 所示,其回弹面的函数 F 可以表示为

$$F = \sqrt{\frac{3}{2}(S-\beta):(S-\beta)} - (B+R) = 0 \tag{3-12}$$

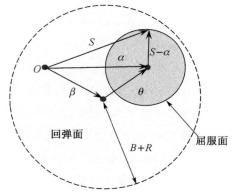

图 3-4   Yoshida-Uemori 模型的
屈服面和回弹面示意图

式中 β——代表原点到回弹面的中心;

B, R——分别是回弹面的初始尺寸以及其各向同性强化分量。

屈服面和回弹面的相对随动强化分量为

$$\theta = \alpha - \beta \tag{3-13}$$

即

$$d\alpha = d\theta + d\beta \tag{3-14}$$

屈服面和回弹面之间相对随动强化分量的演化规则为

$$d\theta = C d\varepsilon_{eq}^{P}\left[\frac{a}{\sigma_{y0}}(S-\alpha) - \sqrt{\frac{a}{\bar{\theta}}}\theta\right] \tag{3-15}$$

式中 C——模型参数;

$\bar{\theta}$——定义如下:

$$\bar{\theta} = \sqrt{\frac{3}{2}\theta:\theta} \tag{3-16}$$

a——定义如下:

$$a = B + R - \sigma_{y0} \tag{3-17}$$

β 的演化规则假定如下:

$$d\beta = m\left(\frac{2}{3}b d\varepsilon_{P} - \beta d\varepsilon_{eq}^{P}\right) = m\left(\frac{2}{3}b\frac{3}{2}\frac{S-\alpha}{\sigma_{y0}}d\varepsilon_{eq}^{P} - \beta d\varepsilon_{eq}^{P}\right) = m\left(b\frac{S-\alpha}{\sigma_{y0}} - \beta\right)d\varepsilon_{eq}^{P} \tag{3-18}$$

式中,m 是模型参数。

将式(3-15)和式(3-18)代入式(3-14),可得:

$$d\alpha = d\theta + d\beta = Cd\varepsilon_{eq}^{P}\left[\frac{a}{\sigma_{y0}}(S-\alpha)-\sqrt{\frac{a}{\theta}}\theta\right]+m\left(b\frac{S-\alpha}{\sigma_{y0}}-\beta\right)d\varepsilon_{eq}^{P}$$

$$=\left[C\frac{a}{\sigma_{y0}}(S-\alpha)-\sqrt{\frac{a}{\theta}}\theta+mb\frac{S-\alpha}{\sigma_{y0}}-m\beta\right]d\varepsilon_{eq}^{P} \tag{3-19}$$

回弹面的各向同性强化分量的演化规则假定如下:

$$dR = m(R_{sat}-R)d\varepsilon_{eq}^{P} \tag{3-20}$$

单轴应力条件下回弹面上的应力峰值可表达为

$$B+R+\bar{\beta}=B+(R_{sat}+b)(1-e^{-md\varepsilon_{eq}^{P}}) \tag{3-21}$$

式中　R_{sat}——非常大塑性应变下回弹面的饱和值;

$\bar{\beta}$——β 的范数。

其中还有一个非各向同性强化面,用于记忆强化历史。非各向同性强化面通常称为记忆面,可模拟加工硬化停滞的现象,记忆面 g_{σ} 定义为

$$g_{\sigma}=\sqrt{\frac{3}{2}(\beta-q):(\beta-q)}-r=0 \tag{3-22}$$

式中,q 和 r 分别是记忆面的中心和半径。

记忆面 g_{σ} 相对原点的移动定义为

$$dq = \mu(\beta-q) \tag{3-23}$$

由记忆面 g_{σ} 的一致性条件可得

$$\mu = \frac{3(\beta-q):d\beta}{2r^2}-\frac{dr}{r} \tag{3-24}$$

r 的演化规则假定为

$$dr = h\Gamma,\ \Gamma = \frac{3(\beta-q):d\beta}{2r}\quad dR>0 \tag{3-25}$$

式中,h 为模型参数,决定了记忆面 g_{σ} 的膨胀速率。

记忆面如图 3-5 所示。为解释 7 个模型参数各自的功能,各参数的物理含义如表 3-1 所示,文献中也给出了单轴循环加载下参数的示意图(Yoshida and Uemori,2002)。

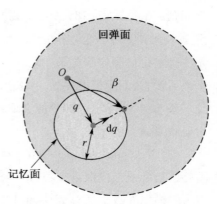

图 3-5　Yoshida-Uemori 模型
记忆面的示意图

表 3-1   Yoshida-Uemori 模型各参数的物理含义

参数	物理含义
σ_{y0}	初始屈服应力;σ_{y0} 值越大,循环应力-应变曲线的正向和反向半圈的应力幅值越大
C	随动强化分量的硬化率;C 值越大,循环应力-应变曲线的瞬态包辛格效应区的曲率越大
B	回弹面的初始尺寸;B 值越大,循环应力-应变曲线的正向和反向半圈的应力幅值越高,应力幅值的增加与应变范围无关
R_{sat}	各向同性强化分量的饱和值;较大的 R_{sat} 值会使循环应力-应变曲线的正向和反向半圈的应力幅值较高,应力幅值的增加与应变范围有关
b	背应力 β 的饱和值;b 值越大,正向半圈的应力幅值越高,而循环应力-应变曲线的反向半圈的应力幅值越低
m	各向同性强化分量 R 和随动硬化分量 β 的硬化率;m 值越大,循环应力-应变曲线的曲率越大
h	记忆面的膨胀速率;h 值越大,循环应力-应变曲线的正向和反向半圈的应力幅值越小

3.2.5 改进的 Yoshida-Uemori 模型

1. Yoshida-Uemori 模型的局限性

Yoshida-Uemori 模型能够模拟大塑性应变范围内金属的循环塑性(Yoshida 和 Uemori 2002)。然而,该模型有几个局限性:

(1)研究发现,一些金属在材料断裂前呈现连续应变硬化而不会发生应力饱和现象(Shi, et al. , 2008; Jia and Kuwamura, 2014a)。在大塑性应变下,Yoshida-Uemori 模型的各向同性强化分量往往会达到极限值,这可能导致在单调和循环加载下模拟某些结构钢塑性时产生相当大的误差。该模型可能会低估大应变范围内的应变硬化效应。

(2)该模型在应力空间定义了记忆面。然而,该记忆面的演化规则在特殊情况下会产生问题。根据式(3-18),β 在单调加载下最终达到饱和值。根据式(3-23),q 最终会渐进等于 β,因为 β 保持不变。当 $\beta = q$ 时,由式(3-22)可知,记忆面 g_σ 的大小为零,即 $r = 0$,这使得无法确定记忆面的演化条件。导致当 β 达到饱和值时,回弹面的各向同性强化分量始终处于激活状态,即记忆面失效。如,当 β 在大应变范围内达到极限值时,各向同性强化分量将会一直增加,实际上大部分的金属材料在等幅加载下应力会逐渐达到饱和,在这种情况下应力会被高估。

(3)Yoshida-Uemori 模型无法模拟屈服平台。由于背应力的演化规则是相互耦合的,因此该模型很难模拟具有屈服平台的结构钢。如果模型中没有很好地模拟出屈服平台,标定后的模型参数 C 可能无法通过拉伸材性试验得出低碳钢的准确结果,这也会影响其他参数的值。然而,Chaboche 模型没有这个问题,因为其背应力都是相互独立的。

2. 各向同性强化分量的修正

Yoshida-Uemori 模型假定其回弹面各向同性强化分量的演化规则与 Zaverl Jr 等 (Zaverl Jr and Lee, 1978)提出的相同。在单轴应力状态下, Yoshida-Uemori 模型的回弹面的大小可以表示为

$$B + R = B + R_{\text{sat}}(1 - \mathrm{e}^{-m\mathrm{d}\varepsilon_{\text{eq}}^{\text{P}}}) \tag{3-26}$$

可以发现, 各向同性强化分量 R 趋于接近一个恒定的饱和值 R_{sat}。然而, 在第 2 章中我们发现, 随着塑性应变的增加, 大塑性应变下的真实应力仍近似呈线性增加, 不会发生应力饱和现象(Jia and Kuwamura, 2014b)。因此, 在改进的 Yoshida-Uemori 模型中, 通过一个额外的线性强化函数与由 Zaverl Jr 和 Lee(1978)提出的强化函数的叠加来避免原模型的局限性。

$$\mathrm{d}R = mR_{\text{sat}} \mathrm{e}^{-m\varepsilon_{\text{eq}}^{\text{P}}} \mathrm{d}\varepsilon_{\text{eq}}^{\text{P}} + m_l \mathrm{d}\varepsilon_{\text{eq}}^{\text{P}} \tag{3-27}$$

式中, m 和 m_l 为模型参数; 大塑性应变下的强化速率由线性项的强化模量 m_l 决定, 而小塑性应变范围(例如颈缩开始前)下的强化速率由 m 和 m_l 决定。

单轴应力状态下 R 的表达式如下:

$$R = R_{\text{sat}}(1 - \mathrm{e}^{-m\varepsilon_{\text{eq}}^{\text{P}}}) + m_l \varepsilon_{\text{eq}}^{\text{P}} \tag{3-28}$$

由式(3-28)可知, 本模型所采用的回弹面的各向同性强化分量的第一项在大塑性应变下会趋于饱和, 而第二项在大塑性应变下仍呈线性发展, 这与布里奇曼(1952)进行的高静水压下金属的断裂经典实验结果一致。

3. 记忆面的修正

如图 3-6 所示应变空间中的记忆面, 该记忆面由 Ohno(1982) 提出, 它可保证回弹面的各向同性强化分量的演化条件始终处于可判定状态。应变空间中的记忆面表达式为

$$g_\varepsilon = \sqrt{\frac{2}{3}(\varepsilon_\text{P} - q):(\varepsilon_\text{P} - q)} - r = 0 \tag{3-29}$$

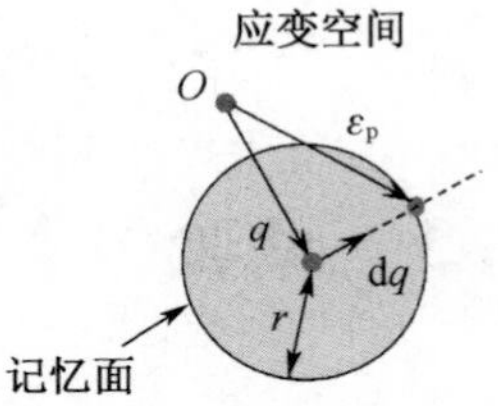

图 3-6　Ohno 提出的记忆面示意图

式中, q 和 r 分别为记忆面的中心和半径。

类似的, 记忆面 g_ε 的演化规则如下:

$$\mathrm{d}q = \mu(\varepsilon_\text{P} - q) \tag{3-30}$$

式中, q 的初始值为 0。

由记忆面 g_ε 的一致性条件可得:

$$\frac{\partial g_\varepsilon}{\partial \varepsilon_\text{P}} : \mathrm{d}\varepsilon_\text{P} + \frac{\partial g_\varepsilon}{\partial q} : \mathrm{d}q + \frac{\partial g_\varepsilon}{\partial r} \cdot \mathrm{d}r = 0 \tag{3-31}$$

然后，

$$\mu = \frac{2(\varepsilon_P - q):\mathrm{d}\varepsilon_P}{3r^2} - \frac{\mathrm{d}r}{r} \tag{3-32}$$

r 的演化规则假定为

$$\mathrm{d}r = h\eta, \ \eta = \frac{2(\varepsilon_P - q):\mathrm{d}\varepsilon_P}{3r} \quad \mathrm{d}R > 0 \tag{3-33}$$

式中，h 是确定记忆面 g_ε 膨胀速率的模型参数，r 在 $\mathrm{d}R < 0$ 时不会改变。

根据式(3-33)，如果当前应变状态在记忆面内或当前增量塑性应变张量与记忆面法向的夹角大于 90°，则不会发生各向同性强化。利用这一假定，可以模拟金属在等幅加载下的应力饱和现象，而无记忆面塑性模型预测的等幅加载下的应力会继续增大，无法模拟应力饱和现象。

4. 屈服平台的修正

屈服平台内的循环塑性行为非常复杂，Mahan 等 (Mahan, et al. , 2011)对屈服平台进行了详细的模拟。Yoshida 和 Uemori(2002)提出了一个模拟屈服平台的简化方案。该模型在应力空间中定义了一个屈服平台，导致很难定义与屈服平台大小相关的模型参数。在此，假设当等效塑性应变小于用标量 $\varepsilon_{\text{plateau}}$ 表示的屈服平台尺寸时，不会发生硬化，如图 3-7 所示。此条件定义为

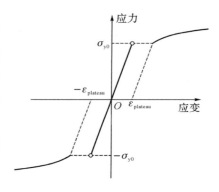

图 3-7　屈服平台的修正

$$\text{当 } \varepsilon_{\text{eq}}^P < \varepsilon_{\text{plateau}} \text{ 时} \quad C = 0, \ m = 0 \tag{3-34}$$

3.3　试验

3.3.1　材料

单调拉伸材性试件和滞回材性试件的材料皆为日本结构钢 SS400 (G3101 2015)，所提供的材料力学性能和化学成分分别如表 2-1、表 2-2 所示。

3.3.2　试件设计

所有的试件都是加工自同一块 65 mm 厚的钢板，众所周知，钢板杂质通常聚集在板的中面附近，因此所有试件均取自图 3-8 所示靠近钢板表面的部分，避免杂质影响。制作了 13 个沙漏形滞回试件，本试验采用前 7 个试件、2 个普通光圆拉伸试件和 1 个直圆棒。拉伸试件是第 2 章中介绍的材性试件，本章使用这些材性试验结果来标定塑性模型

参数的值。直圆棒的截面积比沙漏形滞回试件大,用于在整个系列试验前了解循环加载过程中试验机的内部机械滑移位移量。

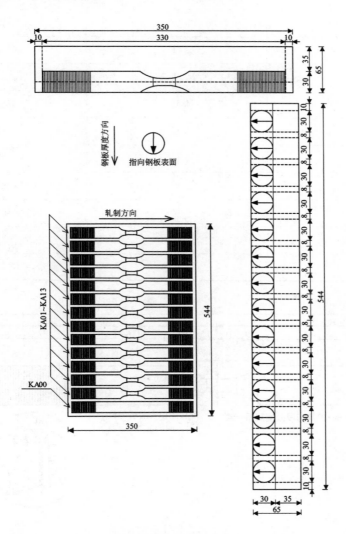

图 3-8　沙漏形滞回试件设计和加工示意图

3.3.3　试件形状

沙漏形试件如表 3-2 所示,主要用于材料的循环拉压试验。沙漏形试件的外形如图 3-9 所示。考虑到试验机的加载能力,试件最小直径为 10 mm,并设计了一个均匀截面段,确保截面上的应力在一定的应变范围内尽量保持均匀分布。然而,均匀段的长度不宜太长,因为过长会导致试件长细比过大,可能在压缩下发生弹塑性失稳。考虑到上述两个因素,确定了均匀段长度为 8 mm。在试验过程中,设计了两个小缺口以连接引伸计,过渡部分设计成圆弧形,防止试样过早失稳。

表 3-2   SS400 钢的材性试件及循环拉压试件

编号	类型	加载历史
KAcoupon1	材性	单调拉伸
KAcoupon2	材性	单调拉伸
KA00	直圆棒	循环拉压
KA01	沙漏形	单调拉伸
KA02	沙漏形	单调压缩
KA03	沙漏形	一周后拉断
KA04	沙漏形	五周定幅后拉断
KA05	沙漏形	颈缩前两圈定幅
KA06	沙漏形	颈缩前两圈定幅
KA07	沙漏形	颈缩前后增幅

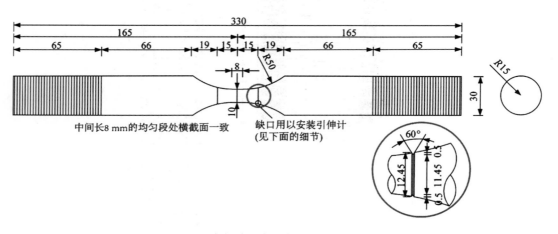

图 3-9   沙漏形试件设计示意图(单位:mm)

3.3.4 测试方案

单调拉伸试件的试验与第 2 章中的试验相同,已进行了讨论。对于沙漏形试件的试验,试验装置的设计是为了防止试件发生弹塑性失稳,设置了如图 3-10 所示连接在试件两端的螺母。试验采用岛津公司生产的 Ag-50 kNx+250 mm 试验机,负载能力为 50 kN,位移加载能力为 250 mm。在所有试验中,采用二维数字位移计(采用两种探头,即 TM-040 和 TM-065,控制器为同一系列,TM-3000)测量试件均匀段的最小直径,从而可以换算得到颈缩前试件的真实应变。

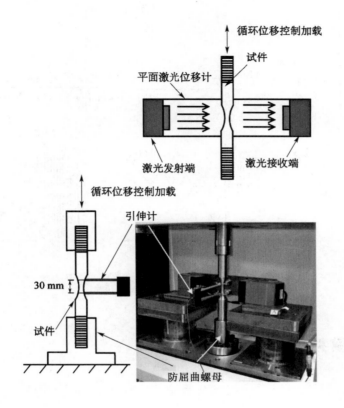

图 3-10　沙漏形试件加载及测试方案

对于沙漏形试件,用引伸计测量标距内的相对长度变化。沙漏形试件均由引伸计进行位移控制,以避免在试验系统中出现轻微滑动。然而,由于引伸计的值初始时太小,无法稳定控制加载速率,因此使用试验机加载横梁的位移来设置加载速率,以实现稳定的加载控制。

3.3.5　沙漏形试件的加载历史

7 个沙漏形试件的加载历史如图 3-11 所示,依次对试件进行了单调和单轴循环拉压试验。试件 KA01 和 KA02 分别承受单调拉伸和单调压缩,试件 KA03 的加载历史为一周后拉断,试件 KA04 首先承受 5 个定幅循环加载,然后拉伸直至断裂。试件 KA05 和 KA06 分别在颈缩起始前和颈缩起始后承受两圈定幅加载,然后在拉伸状态下加载至断裂。试件 KA07 在颈缩开始前和颈缩开始后分别承受循环增幅加载,然后拉断。

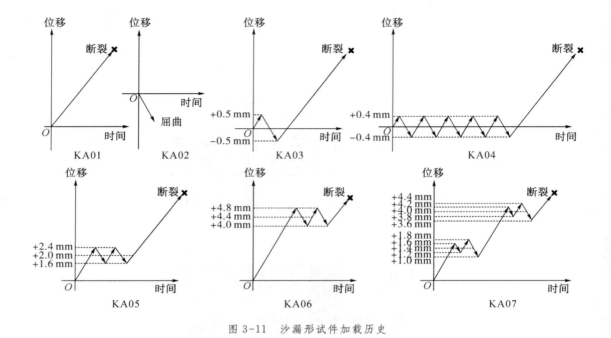

图 3-11 沙漏形试件加载历史

3.4 数值模拟

采用单调拉伸材性试验结果标定塑性模型参数的方法有以下几种。

1. Prager 模型参数标定方法

Prager 模型只有两个模型参数,包括屈服应力和式(3-6)中的随动强化模量 C_0。从材性试验结果可以直接得到屈服应力,根据问题涉及的应变范围给出 C_0。例如,通常由式(3-35)给出,其结果如表 3-3 所示。

$$C_0 = \frac{\sigma - \sigma_{y0}}{\varepsilon_{eq}^{P}} \tag{3-35}$$

式中,σ 是目标等效塑性应变对应的屈服应力。

在此,根据试验结果得出的初始屈服应力 σ_{y0} 为 255.9 N/mm²。由于本书的重点是断裂前大塑性应变范围的塑性,因此 σ 采用试件 KAcoupon2 断裂前的真应力,即塑性应变达到 0.9 时对应的真实应力,取为 837.5 N/mm²。

2. Chaboche 模型参数标定方法

对于 Chaboche 随动强化模型,必须标定的模型参数包括初始屈服应力 σ_{y0},以及式(3-7)中的硬化参数 C_i 和 γ_i。利用单调拉伸材性试验结果对参数进行标定是比较方便的。首先,利用第 2 章提出的改进加权平均法,得到试件断裂前的真实应力-真实应变数据;然后将屈服应力和等效塑性应变以表格形式输入 ABAQUS,对参数 C_i 和 γ_i 进行标定,从相应的结果文件中可获得模型的随动强化相关参数。

对于 Chaboche 混合强化模型,必须标定的各向同性强化参数包含屈服面尺寸的最大变化量 Q_∞,以及屈服面尺寸的变化率,即式(3-9)中的 k。各向同性强化参数须与随动强化参数同时标定。与随动强化参数,即 C_i 和 γ_i 标定相关的输入数据,与 Chaboche 随动强化模型的标定方法相同。在此,只需从拉伸材性试验结果中确定输入数据以标定与各向同性强化相关的参数即可。在沙漏形滞回试件的试验中发现,每圈的压缩屈服应力接近于初始屈服应力 σ_{y0},如图 3-12 所示。

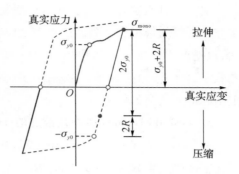

图 3-12　Chaboche 混合强化模型的各向同性强化相关参数标定方法

假定以上发现一直成立的话,利用单调材性试验结果,可以得到 Chaboche 混合强化模型后续屈服面的尺寸,即 $\sigma_{y0} + R$,

$$\sigma_{\text{mono}} = \sigma_{y0} + 2R \tag{3-36}$$

式中,σ_{mono} 是通过第 2 章中提出的改进加权平均法获得的屈服后单轴真实应力。

作者发现这一假设与之前基于 Cottrell(1953)的滞回曲线处理方法而得到的结论(Kuhlmann-Wilsdorf and Laird,1979)是一致的,而且这一规律也被认为适用于铜单晶。然后利用 ABAQUS 中以表格形式输入真实应力-真实应变数据(屈服后应力、等效塑性应变)对与各向同性强化参数(Q_∞,k)进行标定,最优模型参数见表 3-3。对于 Chaboche 模型,通常有必要设置两三个背应力以准确模拟金属循环塑性行为。对于两种 Chaboche 模型,其标定的塑性模型参数 γ_1 和 γ_2 均为零,说明对应的两个背应力具有线性演化规律,对于本章研究的软钢材料可仅设置两个背应力参数。

表 3-3　基于改进加权平均法获得的真实应力-真实应变标定的塑性模型参数

Prager 模型		Chaboche 模型			Yoshida-Uemori 模型		
参数	数值	参数	随动强化	混合强化	参数	原始	改进
σ_{y0}	255.9	σ_{y0}	255.9	255.9	σ_{y0}	255.9	255.9
C_0	1 429.0	C_1	97.2	26.9	C	338.7	332.8
		C_2	97.2	26.9	B	277.3	321.7
		C_3	3 763.0	1 617.2	R_{sat}	196.0	137.7
		γ_1	0	0	b	194.9	82.9
		γ_2	0	0	m	7.9	18.1
		γ_3	13.7	10.7	h	0.5	0.5
		k	/	5.8	m_l	/	236.2
		Q_∞	/	227.8	$\varepsilon_{\text{plateau}}$	/	0.014 8

备注:σ_{y0}、C_0、C_1、C_2、C_3、Q_∞、C、B、R_{sat}、b、m_l 的单位为 MPa;γ_1、γ_2、γ_3、k、m、h、$\varepsilon_{\text{plateau}}$ 为无量纲参数。

输入单轴真实应力-真实应变时需特别注意模型参数的标定。例如,输入的最大真实应变应大于数值模拟中达到的最大等效应变。数据点的数量和选择对标定结果也很重要。例如,数据点的总数不应少于模型参数的个数。此外,输入数据应包含关键数据点,例如初始屈服点、屈服平台终点等。此外,由于应力-应变曲线在颈缩前的曲线曲率更大,应在该应变范围内加入更多的数据点。

3. Yoshida-Uemori 模型及改进的 Yoshida-Uemori 模型参数标定方法

必须标定的 Yoshida-Uemori 模型的参数包含初始屈服应力 σ_{y0},以及与屈服面、回弹面和记忆面相关参数(C, m, B, b, R_{sat}, h)。用与其他模型相同的方法,从单调材性试验结果中直接得到 σ_{y0}。利用作者编写的 Matlab 脚本对模型参数(C, m, B, b, R_{sat}, h)进行了优化分析。优化分析的目标函数定义为 $\sqrt{\sum (\sigma_{FE} - \sigma_{test})^2 / \sigma_{test}^2}$,其中,$\sigma_{FE}$ 和 σ_{test} 分别是从单调材性试件的数值和试验结果中获得的真实应力。根据 Chaboche 和 Dang(1979)使用的演化准则,在优化分析中 h 可指定为 0.5。

同样地,仅使用单调拉伸材性试验结果,改进的 Yoshida-Uemori 模型参数的标定与原 Yoshida-Uemori 模型参数的标定方法类似。两个模型的标定过程之间唯一的区别是优化分析过程中目标函数中的变量数。改进的 Yoshida-Uemori 模型的目标函数有两个额外的变量,即 m_l 和 $\varepsilon_{plateau}$。

4. 有限元建模

本节利用轴对称半模型对沙漏形滞回试件的试验结果进行数值模拟,采用 CAX8 单元。将对称边界条件施加于试件的对称轴,在顶部施加强制位移,位移值为相应试验的断裂位移。对整体模型和局部模型进行了模拟,如图 3-13 所示。沙漏形滞回试件的试验采用引伸计标距内的净位移控制,引伸计标距为 30 mm。整体模型和局部模型的模拟结果对于单调拉伸试验给出了几乎完全相同的力-位移曲线,因此局部模型可以反映试件的整体力学性能。采用前述三种选定的塑性模型以及改进 Yoshida-Uemori 模型进行数值模拟。前几部分给出了各模型参数的标定方法。各塑性模型对应的参数见表 3-3。

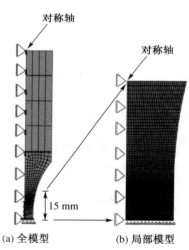

(a) 全模型   (b) 局部模型

图 3-13   沙漏形试件的整体和局部有限元模型

3.5   试验结果和数值结果对比

KA01, KA03—KA07 的力-位移曲线如图 3-14 所示,由于试件 KA02 断裂前过早屈曲,未显示 KA02 的结果。通过试验结果与相应有限元结果的对比,发现 Prager 模型过于

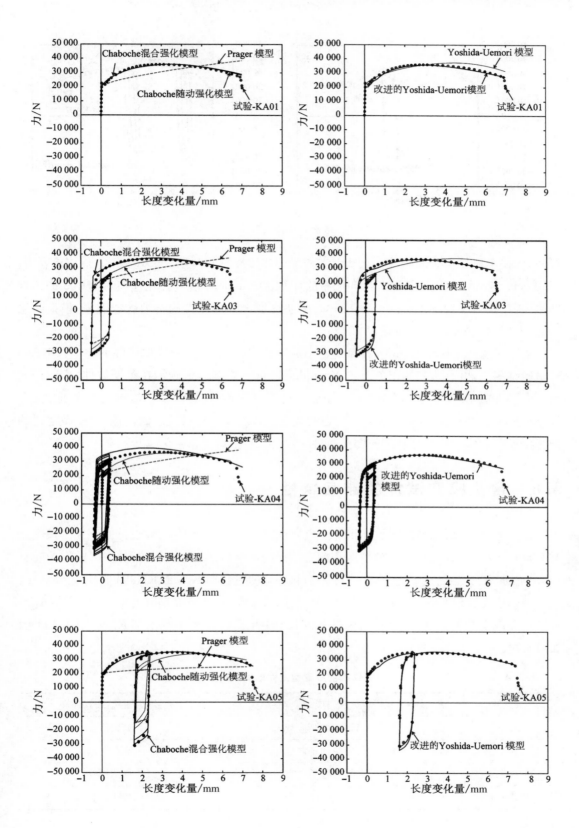

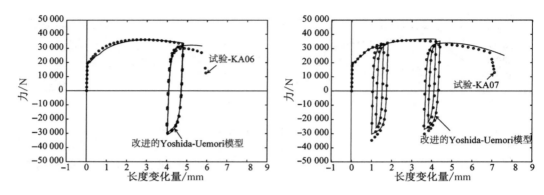

图 3-14　试验和数值模拟结果的对比

简单,无法准确模拟金属塑性在大塑性应变下的非线性滞回特性。KA03 的试验结果表明,Chaboche 随动强化模型低估了反向加载的荷载。Chaboche 混合强化模型对 KA03 的模拟结果较好,而对于定幅加载的试件 KA04,无法模拟定幅加载下的应力稳定现象,模拟结果随着圈数的增加而应力不断强化。

　　由于前述 Yoshida-Uemori 模型的三个局限性,其无法很好地模拟试件 KA01 和 KA03 的试验结果。然而,本章提出的改进 Yoshida-Uemori 模型对低碳钢在单调拉伸(KA01)和复杂循环加载(KA03 至 KA07)下的滞回行为给出了较好的精度。值得注意的是,试件 KA06 的试验结果表明:接近断裂应变处的循环加载会导致材料性能的快速劣化,微空穴的作用可能会加快材料的循环损伤演化特性。

3.6　含预应变试件的滞回特性

　　在上述滞回试验之外,同时加工了 4 个含预应变的沙漏形试件,通过试验研究了预应变对 Chaboche 混合强化模型模拟精度和标定结果的影响(Jia, et al., 2013)。试样 KA08 至 KA11 的加载历史包括两个步骤。首先对试件施加拉伸(KA08,KA09)或压缩(KA10,KA11)预应变,然后大约一个月后在单调拉伸(KA08,KA10)或循环加载历史下(KA09,KA11)加载至断裂,循环加载的加载历史与 KA07 相同。表 3-4 列出了 KA08 至 KA11 的加载历史。

表 3-4　　　　　　　　　　　含预应变沙漏型试件的加载历史

试件	第一步:施加预应变	第二步:加载至破坏
KA08	5%拉伸预应变	单调拉伸
KA09	5%拉伸预应变	循环加载
KA10	5%压缩预应变	单调拉伸
KA11	5%压缩预应变	循环加载

限于篇幅,本节没有给出第一加载阶段 KA08 至 KA11 的试验结果。第二加载阶段拉伸预应变试件(KA08,KA09)的荷载-位移曲线如图 3-15(a),(b)所示,压缩预应变试件(KA10,KA11)的荷载-位移曲线如图 3-15(c),(d)所示。根据试验结果可得出以下结论。

(1) 图 3-15(a),(b)表明,对于具有拉伸预应变的试件,初始拉伸屈服应力高于原始材料,而含压缩预应变的试件屈服应力与原始材料的初始屈服应力大致相同。

(2) 图 3-15(c),(d)表明,对于具有压缩预应变的试件,受拉和受压的初始屈服应力与原始材料的初始屈服应力大致相同。

(3) 图 3-15 表明,屈服平台现象在具有压缩预应变的试件中消失,但仍出现在具有拉伸预应变的试件中。

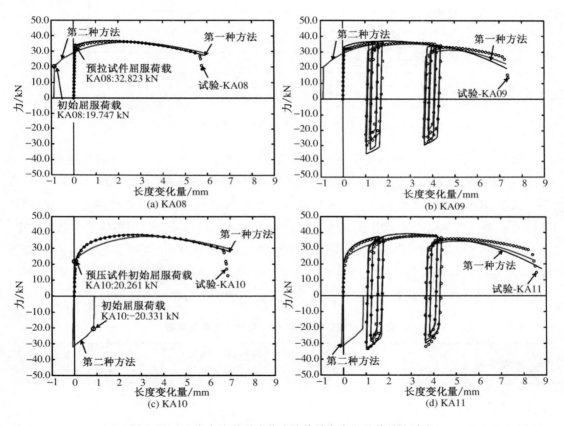

图 3-15   预应变沙漏形试件试验结果和有限元结果的对比

在结构工程中,通常采用单调拉伸材性试验来确定含预应变钢(如冷加工钢构件)的材料性能,初始拉伸屈服应力在实际应用中具有重要意义。根据以上第一和第二个结论,含拉伸预应变钢材的初始拉伸屈服应力因应变硬化相对于原始材料增大,而含压缩预应变的钢材的初始拉伸屈服应力几乎不受影响。其原因在于:在含预压缩应变钢材的拉伸试验过程中产生了包辛格效应,抵消了应变硬化引起的应力增加。

在实际工程中,研究人员主要目的是准确模拟 KA09 和 KA11 在第二加载阶段的荷载-

位移曲线。本节模拟中采用了两种方法,第一种方法使用根据含预应变钢材拉伸试件试验结果标定的塑性模型参数,而第二种方法根据原始材料拉伸试验结果以及材料预应变历史来标定塑性模型的参数。在实践中,第一种方法更为普遍,因为原始材料的材性试验结果以及预应变历史通常是未知的。

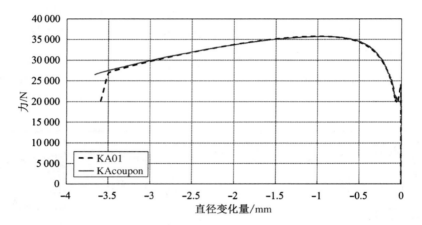

图 3-16　材性试件与单调拉伸沙漏形试件 KA01 试验结果对比

同样,对含预应变结构钢的循环塑性进行了数值模拟研究。对于第一种塑性参数标定方法,沙漏形试件 KA01 的荷载-直径变化曲线几乎与材性试验的曲线一致,如图 3-16 所示。因此,KA08 和 KA10 在第二阶段加载的试验结果可视为含预应变材料的单调拉伸材性试验结果。对于第二种标定方法,使用上述试件的测试结果来进行塑性模型参数的标定。表 3-5 列出了使用两种方法的 Chaboche 模型参数。原始材料和含预应变材料的 γ_1 等于零,表明每种材料都有一个具有线性演化规律的背应力。含拉伸预应变材料标定的屈服应力远高于原始材料,而具有压缩预应变材料的标定屈服应力值接近原始材料。

表 3-5　　　　　　　　　含预应变钢材的 Chaboche 混合强化模型参数

模型参数	原始材料	预拉试件 KA08 (第二阶段)	预压试件 KA10 (第二阶段)
σ_{y0}	255.9	446.3	246.5
C_1	26.9	135.8	104.5
C_2	26.9	301.7	1 267.3
C_3	1 617.2	286.7	3 992.8
γ_1	0	0	0
γ_2	0	12.7	13.4
γ_3	10.7	13.5	84.4
k	5.8	2.89	10.97
Q_∞	227.8	162.2	197.0

备注:σ_{y0},C_1,C_2,C_3,Q_∞ 单位为 MPa;γ_1,γ_2,γ_3 和 k 为无量纲参数。

第二加载阶段的试验结果和相应的数值结果如图 3-15 所示。第一种标定方法和第二种方法都能很好地模拟含拉伸和压缩预应变材料的单调拉伸试验结果，如图 3-15(a)，(c)所示。第一种标定方法略微高估了含拉伸预应变钢材的压应力，如图 3-15(b)所示，同时精确预测了含压缩预应变钢材的力，如图 3-15(d)所示。拉伸预应变导致应变硬化引起的初始拉伸屈服应力增加，而包辛格效应抵消了压缩预应变引起的屈服应力增加。因此，含压缩预应变材料的初始拉伸屈服应力接近原始材料的初始拉伸屈服应力。Chaboche 模型的标定方法可以利用拉伸试件试验结果对具有压缩预应变材料的循环塑性进行良好的评价，同时对含拉伸预应变材料的各向同性硬化有所高估。对于第二种标定方法，与含拉伸和压缩预应变材料的试验结果对比，数值结果对比良好。

3.7　小结

本章通过与循环试验结果的对比，阐述了有限元分析中的塑性模型，以期找到可以准确模拟结构钢在超大塑性范围内的循环塑性行为的模型，基于以上分析结果可得出以下结论：

（1）Prager 模型不能很好地模拟结构钢的单调或循环塑性行为。

（2）Chaboche 随动强化模型可以很好地模拟结构钢的单调试验结果，但它低估了循环加载的反向循环应力。

（3）Chaboche 混合强化模型可以很好地预测结构钢的单调和循环行为，但无法模拟定幅循环加载下的应力饱和现象。对于定幅循环加载，这会导致对应力的高估。

（4）通过单调拉伸材性试验标定参数的 Yoshida-Uemori 模型不能很好地模拟结构钢的单调或循环塑性行为。

（5）改进的 Yoshida-Uemori 模型，通过对颈缩后强化、记忆面和屈服平台的修正，仅利用单调材性试验结果，即可较好地预测结构钢的单调和循环塑性行为。

（6）使用原始材料的材性试验结果，同时考虑塑性加载历史的方法来标定含预应变钢材的 Chaboche 混合强化模型参数更为准确。采用含预应变的单调拉伸材性试验结果来标定的话，也能较准确地预测含预应变结构钢的循环塑性行为。

参考文献

ABAQUS, 2010. ABAQUS standard manual (Version 6. 10)[Z]. Karlsson & Sorensen Inc. , Hibbitt. Pawtucket (RI, USA).

Bridgman P W, 1952. Studies in large plastic flow and fracture[M]. McGraw-Hill, New York.

Chaboche J L, Dang V, 1979. Modelization of the strain memory effect on the cyclic hardening of 316 stainless steel[C]. Proceedings of the 5th SMiRT Conference, Berlin, Paper L 11/3.

Chaboche J L, 1986. Time-independent constitutive theories for cyclic plasticity[J]. International Journal of Plasticity, 2:149-188.

Cottrell A H, 1953. Dislocations and plastic flow in crystals[M]. Oxford University Press, London.

Dafalias Y F，Popov E P，1975. A model of nonlinearly hardening materials for complex loading[J]. Acta Mechanica，21(3):173-192.

Dafalias Y F，Popov E P，1976. Plastic internal variables formalism of cyclic plasticity[J]. Journal of Applied Mechanics，43(4):645-651.

Frederick C O，Armstrong P J，2007. A mathematical representation of the multiaxial Bauschinger effect [J]. Materials at High Temperatures，24(1):1-26.

G3101 J，2015. Rolled steels for general structure. Japanese Industrial Standards Committee，Tokyo.

Iwan W D，1967. On a class of models for the yielding behavior of continuous and composite systems[J]. Journal of Applied Mechanics，34(3):612-617.

Jia L-J，Koyama T，Kuwamura H，2013. Prediction of cyclic large plasticity for prestrained structural steel using only tensile coupon tests. Frontier of Structural and Civil Engineering，4(7):466-476.

Jia L-J，Kuwamura H，2014a. Prediction of cyclic behaviors of mild steel at large plastic strain using coupon test results. Journal of Structural Engineering，140(2):04013056.

Jia L-J，Kuwamura H，2014b. Ductile fracture simulation of structural steels under monotonic tension[J]. Journal of Structural Engineering，140(5):04013115.

Krieg R D，1975. A practical two surface plasticity theory[J]. Journal of Applied Mechanics，42(3):641-646.

Kuhlmann-Wilsdorf D，Laird C，1979. Dislocation behavior in fatigue II. Friction stress and back stress as inferred from an analysis of hysteresis loops[J]. Materials Science and Engineering，37(2):111-120.

Mahan M，Dafalias Y F，Taiebat M，et al.，2011. SANISTEEL: Simple anisotropic steel plasticity model [J]. Journal of Structural Engineering，137(2):185-194.

Mróz Z，1967. On the description of anisotropic work hardening[J]. Journal of the Mechanics and Physics of Solids，15(3):163-175.

Ohno N，1982. A constitutive model of cyclic plasticity with a nonhardening strain region[J]. Journal of Applied Mechanics，49(4):721-727.

Ohno N，Kachi Y，1986. A constitutive model of cyclic plasticity for nonlinear hardening materials[J]. Journal of Applied Mechanics，53(2):395-403.

Prager W，1949. Recent developments in the mathematical theory of plasticity[J]. Journal of Applied Physics，20(3):235-241.

Shi M F，Zhu X H，Xia C，et al.，2008. Determination of nonlinear isotropic/kinematic hardening constitutive parameters for AHSS using tension and compression tests[C]. Numisheet 2008 Interlaken，Switzerland，137-142.

Yoshida F，Uemori T，2002. A model of large-strain cyclic plasticity describing the Bauschinger effect and work hardening stagnation[J]. International Journal of Plasticity，18(5-6):661-686.

Zaverl Jr F，Lee D，1978. Constitutive relations for nuclear reactor core materials[J]. Journal of Nuclear Materials，75(1):14-19.

第4章 单调加载下结构钢的裂纹萌生

4.1 概述

4.1.1 研究背景

结构钢构件的脆性断裂和延性断裂都在实验室试验和大震下实际建筑的破坏中观察到,例如 1994 年的北岭地震(Mahin, 1998)和 1995 年的神户地震。研究发现:钢结构的脆性断裂是由缺口表面经过明显塑性应变后产生的延性裂纹扩展引起的(Kuwamura and Yamamoto, 1997)。据报道,在两次强震过程中,许多钢结构在梁柱连接处出现裂纹或断裂。在神户地震中,也观察到支撑和柱在大塑性应变循环加载下发生开裂的震害(AIJ, 1995; Kuwamura Lab, 1995)。至今,已经有很多学者开展了防钢结构脆性破坏相关的研究工作,例如 Kuwamura 等做了大量的相关研究工作(Kuwamura, 2003; Kuwamura, 1998; Kuwamura and Akiyama, 1994; Kuwamura, et al., 2003),《防止钢框架梁柱连接脆性破坏的暂行指南》(The Building Center of Japan, 2003)已在日本出版。以前金属结构的延性断裂及相关的研究没有受到研究人员和工程师的关注。

通常,设计人员认为:延性断裂可以通过设计构造来预防,只要使节点强度大于连接构件的塑性强度就能防止相关破坏模式。此外,连接构件的极限状态一般由屈曲控制,除了高周疲劳以外的断裂相关问题不是结构工程主要的关注点。然而,屈曲后的延性断裂仍然不期而至,而焊接结构屈曲后的断裂更易发生。

在实际工程应用中,精细化的细观延性断裂模型普遍存在某些局限性。在结构工程中,设计人员通常只能得到钢材的单调拉伸材性试验结果。要求结构工程师进行复杂而精细的试验来标定大量与塑性模型以及细观断裂模型相关的参数通常是不切实际的。

前人提出了几种预测金属材料延性断裂的方法,并提出了多种断裂模型,其中一些复杂的模型在模拟精度上有较高的优势,但需要通过复杂的过程对许多模型参数进行标定。一些经验模型的精度虽然可能相对较低,但模型参数的数量较少,且参数的标定过程简单。本书对这些模型的特点进行了梳理,在考虑预测结果准确性和本章模型参数标定方便性的前提下,选择更有工程应用前景的金属细观延性断裂模型。

4.1.2 预测延性断裂的方法

1. 基于空穴成长和空穴合并的细观延性断裂模型

金属的延性断裂通常包括以下几个关键阶段(Anderson,2005),如图 4-1 所示。

第一阶段:如图 4-2 所示,杂质或第二相粒子通过界面剥离或粒子破裂形成空穴形核。

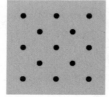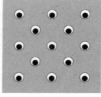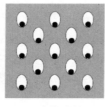

(a) 杂质或第二相粒子　　(b) 空穴形核　　(c) 空穴成长　　(d) 空穴间应变集中　(e) 空穴合并致裂纹萌生

图 4-1　延性断裂过程示意图(Anderson,2005)

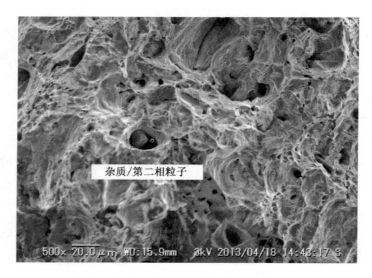

图 4-2　结构钢中杂质或第二相粒子的夹杂物

第二阶段:在等效塑性应变和静水压力的共同影响下空穴不断成长。

第三阶段:当空穴增大到临界尺寸时,空穴发生合并。

一些基于空穴成长和空穴合并的延性断裂模型不断被提出。在此之前,空穴成长的数学模型被首先提出,其中影响最广泛的模型有 McClintock 模型(1968)和 Rice-Tracey 模型(1969),McClintock 和 Rice-Tracey 发现静水压力对细观空穴的成长起了重要作用。

McClintock 提出了一种以孔的增长来判断延性断裂的准则,该模型假定两个长圆柱形孔的横截面为椭圆,轴与施加应力的主方向平行。延性断裂的准则是:随着孔的增大,孔会接触到相邻一对孔的孔壁。为了定义裂纹的萌生,McClintock 提出了一个相对成长因子,该因子定义为孔的半轴的增加量相对于相邻孔间距的比值。该断裂模型假定材料的本构服从幂函数,具有两个模型参数,一个是材料的应力强化比,另一个是断裂时的等效应变。该模型在实际应用中比较方便,而对于长圆柱状空穴的假设则与实际情况差距较大。

Rice 和 Tracey 分析了一个空穴成长模型,即在一个远场简单拉伸应变率场中的球形空穴,随着应力三轴度的增加,断裂延性迅速降低。他们还发现,对于承受拉伸的非硬化材料,球形空穴的情况,细观空穴的增长率服从指数函数,在指数项中具有相同的系数,即 -1.5。Rice 和 Tracey 理论仅用一个模型参数就可以直接描述细观空穴成长速率与应力三轴度的相关关系。然而,该理论并未给出延性断裂的准则。

2. 基于多孔塑性的断裂模型

Gurson(1977)基于球形单元中心球形空穴的分析结果,提出了一种延性材料的多孔塑性断裂本构模型,其中考虑了静水压力对材料屈服函数的影响;该塑性模型与普通金属塑性模型有很大的不同,因为普通金属塑性模型的屈服函数一般与静水压力无关。通过假设刚塑性材料,还得到了空穴形核、空穴成长和空穴合并的规律。断裂条件通过空穴体积分数的一个标量来定义,即当该参数达到临界值时,裂纹形成。假设空穴体积分数是由空穴形核和空穴成长引起的。因此,Gurson 模型是一个同时耦合考虑材料塑性和延性断裂的力学模型。Rudnicki, Rice 和 Yamamoto(Rudnicki and Rice, 1975;Yamamoto, 1978)指出:局部狭窄的剪切带内的空穴增长可能会导致延性断裂提前发生,这可能是由材料的初始缺陷造成的。从这一点上看,由于 Gurson 模型未考虑上述局部剪切破坏模式,因此有时断裂应变可能被大大高估。因此,Tvergaard(1981, 1982)通过在模型的屈服函数中添加 3 个参数来修改 Gurson 模型,并且用各向同性强化准则的幂函数材料模型替换之前的刚塑性材料模型。在拉伸试验中,发现接近裂纹萌生时刻空穴成长的速度会加快。Tvergaard 和 Needleman(1984)通过引入一个失效点来修正空穴体积分数的演化规律,在该失效点后空穴成长速度加快。修改后的模型通常称为 Gurson-Tvergaard-Needleman(GTN)模型。GTN 模型可以表征空穴的形核、成长和合并,而该模型有 10 个以上的参数确定单个材料。在结构工程中应用可能比较困难,因为在实际应用中,通常只能获得单调拉伸下的光滑圆棒(或扁钢)材性试验结果。GTN 模型的另一个局限性是其强化准则,采用的是一个具有幂函数的各向同性强化准则,通常会高估循环加载下的应力,也不能模拟一些金属材料的包辛格效应。众所周知,各向同性强化准则一般过于简化,无法准确预测金属的循环塑性行为,不适合用于模拟金属在循环大应变加载下的延性断裂。

3. 基于连续损伤力学的断裂模型

细观延性断裂模型一般针对的尺度在 $10^{-2} \sim 10^{-1}$ mm 范围内,而金属结构的尺度在 $10^{2} \sim 10^{3}$ mm 范围内。连续损伤力学为宏观上模拟延性断裂提供了另一种方法。连续损伤力学是从宏观尺度某个平面上裂纹或孔洞的有效密度概念出发的,并且 Kachanov(1958)首次提出了预测蠕变断裂的宏观损伤指数。之后,Chaboche(1984)和 Lemaitre (1985)在热力学框架下建立了连续损伤力学的本构方程,为相关理论提供了科学依据。Lemaitre 提出了一种基于有效应力概念的连续损伤力学模型,需要识别 3 个模型参数。当损伤指数达到临界值时,开始出现宏观裂纹。通过与断裂模型的比较,验证了该模型的有效性。然而,损伤指数的标定需要使用拉伸材性试验在不同应变水平下进行循环试验或对多次卸载时刻的杨氏模量进行测定,相关参数获取也较为烦琐。

4.1.3 结构工程领域延性断裂相关研究

结构工程中延性断裂的相关研究较为有限,最近相关领域逐渐受到研究者的关注。根据各种结构钢的试验结果,Kuwamura 和 Yamamoto(1997)较早提出了一种简单的经验断裂准则。Qian 等(2005)利用 Gurson 模型模拟了单调加载下圆形截面钢管节点的延性断裂性能。Kanvinde 和 Deierlein(2006)建立的半经验应力修正临界应变(SMCS)模型,将一个标量定义为损伤指数,根据 7 种不同结构钢的单调拉伸试验结果将其与基于 Rice-Tracey 空穴模型的细观断裂模型的模拟结果进行比较。为了标定相应的模型参数,需要对带光滑缺口的试件进行拉伸试验。Myers 等(2010)研究了 SMCS 模型参数的尺寸效应和经验识别方法。该模型还应用于大型节点和结构构件的预测(Chi, et al., 2006; Kanvinde and Deierlein, 2007)。

4.1.4 理论研究方法

本书断裂研究的原则是仅使用单调拉伸材性试验的结果来预测结构构件的宏观延性断裂。一个受欢迎的断裂模型必须满足以下两方面:该模型能够描述延性断裂的细观机理;模型参数可以简单基于材料的单调拉伸材性试验结果标定。由于 GTN 模型采用各向同性的强化准则,因此不能很好预测金属材料的循环塑性。同时,与其他类似的细观模型相比,Rice-Tracey 提出的空穴成长模型得到了更广泛的认可,并经常用于描述延性金属的空穴成长,这通常是延性断裂过程中的关键步骤。因此,本章提出一个简单的单参数半经验细观延性断裂模型,该模型类似于 Kachanov(1958)的概念,其中延性断裂的细观机制采用了 Rice-Tracey 模型。

裂纹的萌生是与裂纹的尺寸定义息息相关的。尽管细观裂纹尺寸被定义为 0.01 mm 的裂纹,但损伤力学中的裂纹通常被视为可以达到 1 mm (Chaboche, 1988)。由于人眼和数码相机都能观测到 1 mm 的裂纹,这里采用上述尺度来定义宏观裂纹的萌生。

本章基于空穴成长概念提出了单调加载下的细观延性断裂模型(Jia and Kuwamura, 2014),以增量形式应用了 Rice-Tracey 空穴成长模型和 Miner 法则(Miner, 1945)。假设当简单的标量损伤指数 D 达到 1 时,材料发生细观延性断裂。由于该延性断裂模型只需标定一个模型参数,因此便于实际工程应用,且该参数可直接从材料的单调拉伸试验中获得。通过试验结果与数值模拟结果对比,验证了单调加载下延性断裂模型的正确性。对于单调加载下延性断裂的数值模拟,首先采用修正加权平均法修正了相应材性试验颈缩后的真实应力-真实应变数据,然后对 3 种结构钢的光滑圆棒和带缺口圆棒进行了数值模拟。利用修正后的应力-应变数据进行计算。结果表明,该断裂模型能较好预测试验的荷载–变形曲线和断裂位置。

4.2　单调加载下的延性断裂模型

4.2.1　Rice-Tracey 模型

Rice 和 Tracey 通过对远场简单拉伸应变率场中球形空穴的力学分析,建立了空穴半径与应力三轴度之间的相关关系,如图 4-3 所示。对于 Mises 材料,空穴成长率可以用以下公式来近似计算。

$$\frac{\mathrm{d}R}{R} = 0.283 \cdot \mathrm{e}^{\frac{3}{2}\frac{\sigma_{\mathrm{h}}}{\sigma_{\mathrm{eq}}}} \mathrm{d}\varepsilon_{\mathrm{eq}} = 0.283 \cdot \mathrm{e}^{\frac{3}{2}T} \mathrm{d}\varepsilon_{\mathrm{eq}} \qquad (4\text{-}1)$$

式中　R——空穴半径;

σ_{h}, σ_{eq}——分别为静水压力和等效应力;

T——应力三轴度;

$\varepsilon_{\mathrm{eq}}$——等效应变。

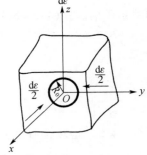

图 4-3　Rice-Tracey 空穴成长模型示意图(修改自 Rice and Tracey, 1969)

4.2.2　Miner 准则

Miner 提出了一个线性规则来评估各种应力比疲劳加载历史下的累积损伤,其中应力比被定义为疲劳试验中一个加载循环中的最小应力与最大应力之比。假设有 M 个不同的加载循环,不同的应力比 S_i,每个循环都有 n_i 次。如果 S_i 的加载应力比下的材料在 N_i 次循环下失效,那么如果满足以下准则,材料就会失效:

$$\sum_{i=1}^{M} \frac{n_i}{N_i} = 1 \qquad (4\text{-}2)$$

4.2.3　单调拉伸加载下的断裂模型

Rice-Tracey 模型可以用于描述空穴的成长,但并没有给出空穴合并的准则。对式(4-1)进行积分,可得:

$$\ln \frac{R}{R_0} = 0.283 \int_0^{\varepsilon_{\mathrm{eq}}} \mathrm{e}^{\frac{3}{2}T} \mathrm{d}\varepsilon_{\mathrm{eq}} \qquad (4\text{-}3)$$

式中,R_0 和 R 分别是空穴的初始半径和当前半径。

假设在空穴成长过程中应力三轴度 T 为常数的理想情况,根据式(4-3)可得出该理想状态下的断裂等效应变为

$$\varepsilon_{\mathrm{eq}} = \frac{\ln \dfrac{R}{R_0}}{(0.283 \mathrm{e}^{\frac{3}{2}T})} \qquad (4\text{-}4)$$

根据金属内部晶体结构的不同,控制延性断裂的关键步骤也是不同的。对于杂质和第二相粒子与基体结合良好的金属,空穴形核通常是关键步骤,在空穴形核后不久就会发生延性断裂。然而,对于空穴容易形核的金属,延性断裂通常由空穴形核和空穴合并共同控制,并且金属的断裂表面具有"杯形和圆锥形"外观。根据几种结构钢的试验结果(Kanvinde and Deierlein, 2006; Kuwamura and Yamamoto, 1997),发现结构钢通常会因空穴合并而失效。因此,可以合理地假设:对于结构钢,当空穴合并开始时,材料发生延性断裂。

Rice-Tracey 模型给出了空穴成长的准则,而模型中没有包含空穴合并的准则。在此,本章提出了基于相对成长因子的空穴合并条件,假定当相对成长因子 R/R_0 达到临界值时,空穴合并发生。该空穴合并规则类似于 McClintock(1968)提出的空穴合并规则。

假设在理想情况下,应力三轴度在断裂前是恒定的,断裂应变(等效应变)与应力三轴度的关系可根据式(4-4)来表示:

$$\varepsilon_{\mathrm{f}} = \frac{\ln \dfrac{R_{\mathrm{f}}}{R_0}}{0.283 \mathrm{e}^{\frac{3}{2}T}} = \chi \cdot \mathrm{e}^{-\frac{3}{2}T} \tag{4-5}$$

式中 ε_{f}, R_{f}——分别为断裂发生时的等效断裂应变和空穴半径;

χ——定义相对成长因子临界值的模型参数,是假定与材料相关的常数。

为了将上述方程推广到一般荷载与非恒定应力三轴度 T 的情况下,基于 Miner 准则的损伤指数 D 增量表达形式中,T 假定在一个增量步过程中保持恒定不变。增量应变 $\mathrm{d}\varepsilon_{\mathrm{eq}}$ 引起的损伤可根据式(4-2)和式(4-5)定义为

$$\mathrm{d}D = \frac{\mathrm{d}\varepsilon_{\mathrm{eq}}}{\varepsilon_{\mathrm{f}}(T)} = \frac{\mathrm{d}\varepsilon_{\mathrm{eq}}}{\chi \cdot \mathrm{e}^{-\frac{3}{2}T}} \tag{4-6}$$

式中,D 为损伤指数,当 D 达到 1 时,假设材料发生断裂。

假设损伤仅由塑性变形引起,式(4-6)可表示为

$$\mathrm{d}D \approx \frac{\mathrm{d}\varepsilon_{\mathrm{eq}}^{\mathrm{P}}}{\chi \cdot \mathrm{e}^{-\frac{3}{2}T}} \tag{4-7}$$

4.2.4　模型参数的标定

对于细观延性断裂模型,只有一个模型参数,即 χ,可通过单调拉伸材性试验结果进行标定。对单调拉伸材性试验进行数值分析,根据以下过程可得到 χ:

步骤 1:用修正加权平均法得到材料的真实应力和真实应变数据。

步骤 2:给出初始值 χ,例如 $\chi = 2.0$,并利用步骤 1 中获得的材性数据对试样试验进行数值模拟。

步骤 3:将试验荷载-变形曲线的断裂点与模拟结果进行比较。

如果数值结果的断裂点与试验结果的断裂点吻合良好,则 χ 为最优值。如果对比结果不好,回到步骤 2,根据对比结果给出一个新的 χ 值,重复循环,直到二者的相对误差可以接受为止。

4.3　试验研究

为了研究应力三轴度对结构钢延性断裂的影响,采用 JIS SS400(相当于 Q235)、HT800(名义抗拉强度 800 MPa)(Kuwamura and Yamamoto,1997)和 SM490(相当于 Q345)(Arita and Iyama,2009)制成的 3 个系列的圆棒材性试件如图 4-4、图 4-5 所示,所有试件在单调拉伸下加载至全截面断裂。各材料的机械性能和化学成分如表 4-1 所示。在室温下,所有试验在位移控制下以准静态加载速率进行。3 种钢的试验装置与第 3 章中沙漏形滞回试件的试验装置相似。对于 Arita 和 Iyama 进行的试验,采用一个引伸计测量 30 mm 标距范围内的伸长率,并且在两组试验中使用数字测微计测量试件的最小半径。所有试件均出现典型的杯锥形断口。对于试件类型 4、类型 5 和类型 6,裂纹从最小截面的中心区域开始,而对于其他 3 个缺口更尖锐的试件,裂纹从缺口根部的表面开始。光滑圆钢和带尖锐缺口试件的裂纹萌生位置如图 4-6 所示。

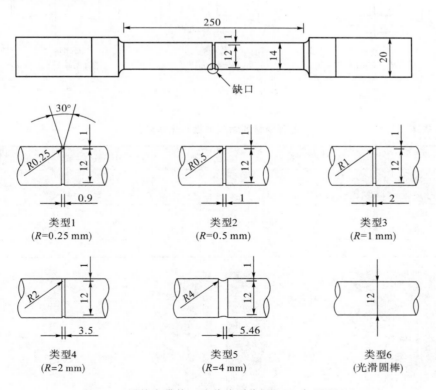

图 4-4　圆棒和带缺口试件的形状(SS400 和 HT800)

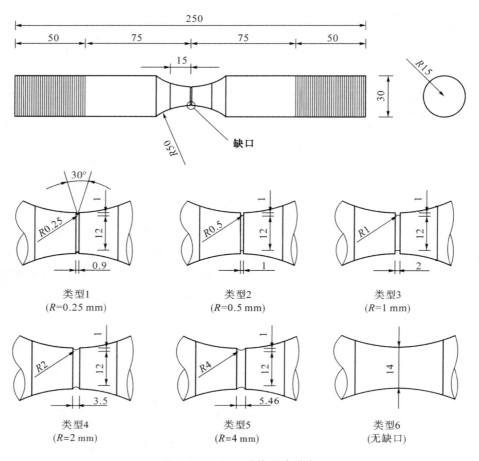

图 4-5　SM490 材性试件形状

表 4-1　　　　　　　　　各种钢材的物理特性和化学成分

钢种	物理特性						化学成分(重量)/%				
	屈服应力/MPa	抗拉强度/MPa	σ_{neck}/MPa	ε_{neck}	ω	χ	C	Si	Mn	P	S
SS400	270	460	565	0.21	0.37	1.8	0.17	0.27	0.72	0.018	0.009
HT800	763	826	896	0.07	0.23	1.9	0.20	0.25	1.41	0.11	0.006
SM490	401	546	640	0.20	0.32	2.4	0.13	0.27	1.28	0.02	0.006

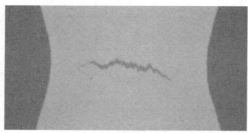

光滑圆棒

带尖锐缺口试棒

图 4-6　不同形状试件的裂纹萌生位置（由 Funabashi Singo 提供）

4.4　数值分析

4.4.1　有限元建模

光滑和带缺口试件的延性断裂通过 ABAQUS/Explicit 中的单元删除进行模拟,当损伤指数 D 达到 1 时,移除该单元。利用 CAX8 单元的轴对称模型进行试验的准静态模拟。如图 4-7 所示为 SM490 试件类型 6 的网格。在左边缘采用位移加载,并沿轴方向限制右边缘的位移。

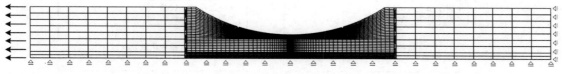

图 4-7　Arita 和 Iyama 进行的类型 6 试件的有限元模型

4.4.2　塑性模型及模型参数标定

采用非线性各向同性强化模型进行模拟,该模型可足够精确描述金属在单调加载下的塑性。直至断裂的真实应力-真实应变数据需要以表格形式输入到 ABAQUS 中,这可以通过修正加权平均法并利用光滑试件(类型 6)的试验结果获得。修正加权平均法的参数如表 4-1 所示。

材料的延性不仅取决于模型参数 χ 的值,还取决于材料的应力-应变行为。对于单调拉伸材性试验,材料的延性通常通过在标准长度内的伸长率来评估,材料拉伸延性可分为两部分,即颈缩前的延性和颈缩后的延性。第一部分主要由颈缩起始对应的真实应变 $\varepsilon_{\text{neck}}$ 决定,它决定了材料发生均匀变形的能力,第二部分主要取决于材料的断裂参数 χ 和屈服后的强化模量,主要表征材料发生局部变形的能力。此外,断后伸长率也和试件的测量标距长度有关,一般测量的标距长度越长,断后伸长率越小,这主要源于拉伸材性试件通常只有一个颈缩区,而颈缩区的变形量大致一致,标距越长,颈缩后延性计算时分母越大,而颈缩前的延性一般不随测量标距有太大变化。χ 的数值与颈缩区内的局部变形有关,且较大的 χ 值表明试件断裂时刻最小截面的横截面积相对原始试件截面显著减小。因此,根据试件试验结果,虽然高强度钢 HT800 的伸长率小于低碳钢 SS400,但高强度钢 HT800 的断裂参数 χ 却大于低碳钢 SS400,这并不奇怪。

从表 4-1 中可以看出:SS400 颈缩起始时的真实应变远大于 HT800,说明 SS400 颈缩起始前的伸长量要大得多。同样有趣的是:试验发现发生颈缩后的硬化模量 $w \cdot \sigma_{\text{neck}}$ 接近于 206 MPa 的常数。在这里,真实应力和真实应变是根据数字激光测微计测量的最小横截面的瞬时直径计算的。一般局部变形数据更准确,需要注意的是:用引伸计标定的真实应力和真实应变可得出不同的结论。

4.5　试验和数值模拟结果的对比

三种钢带缺口圆棒试件的数值模拟结果如图 4-8、图 4-9 所示。其中,裂纹萌生时的

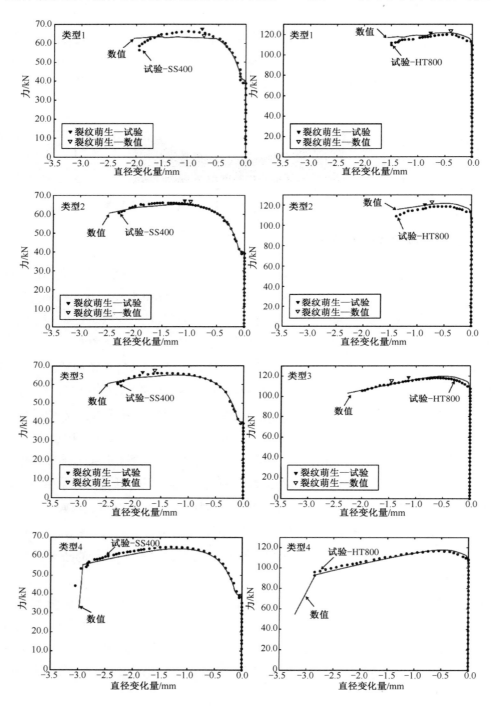

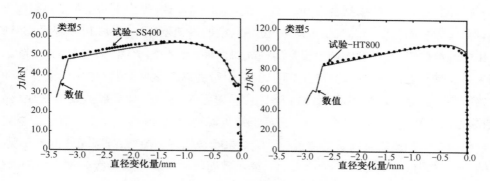

图 4-8　SS400 与 HT800 试验与数值结果对比

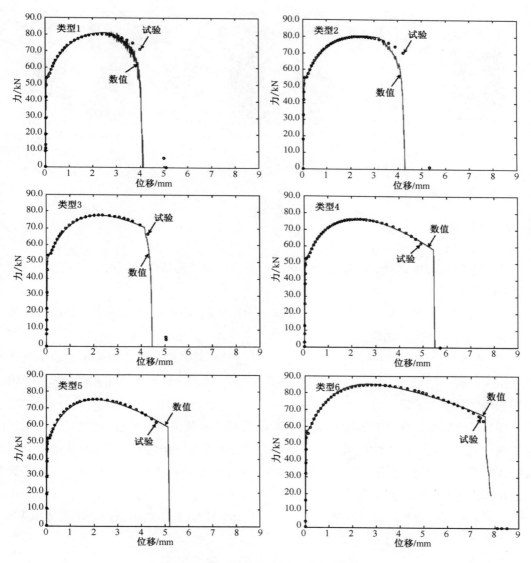

图 4-9　SM490 试验结果与数值结果对比

荷载-位移曲线与试验结果吻合良好。对于带尖锐缺口试件(类型 1 和类型 2),裂纹发生得较早,例如,裂纹萌生于接近类型 1 荷载-位移曲线的峰值附近。图 4-10 所示为 SM490 裂纹萌生的预测位置,其中裂纹萌生自带尖锐缺口试件(类型 1—类型 3)的表面(实际试验可能萌生于非常靠近试件表面的材料内部),而对于带钝缺口试件,裂纹更倾向于首先萌生于试件的中心。数值计算结果表明:缺口越尖锐,屈服区越小。对于带钝缺口试件(如类型 6),断裂处的塑性应变分布更加均匀,而对于带尖锐缺口试件(如类型 1),塑性应变集中在缺口根部附近。预测的裂纹萌生位置与试验结果吻合较好。此外,有限元分析还发现:当试件的缺口形状满足一定条件时(如类型 4),最小截面上的材料损伤指数分布将趋于均匀,这时材料会几乎在全截面同时发生断裂。

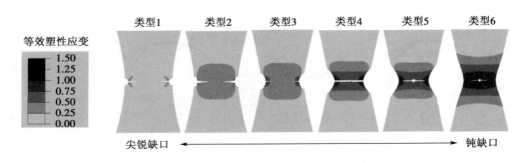

图 4-10　根据有限元结果预测的裂纹萌生位置(SM490)

4.6　小结

利用带缺口圆棒材性试件对几种结构钢在单调拉伸下的延性断裂进行了试验和数值研究,得出了以下结论:

(1) 基于相对成长因子概念和 Rice-Tracey 空穴成长模型提出了适用于单调拉伸加载下金属的细观空穴合并准则。

(2) 基于以上空穴成长和空穴合并准则,提出了一个适用于单调拉伸加载的细观延性裂纹萌生模型,模型定义了一个增量形式的损伤因子,其损伤累积准则采用的是基于 Miner 准则的线性累积方式。

(3) 利用细观延性断裂模型对 3 种不同结构钢的单调拉伸试验进行了数值模拟,采用第 2 章介绍的修正加权平均法得到的材料真实应力和真实应变数据。数值计算结果与现有试验数据进行了比较,证明了所提细观延性裂纹萌生模型的有效性,同时也再次证明了真实应力和真实应变数据修正方法的合理性。

(4) 采用的结构钢颈缩后的应力硬化率接近 206 MPa(基于最小截面半径测量结果)。

参考文献

ABAQUS, 2010. ABAQUS standard manual (Version 6. 10)[Z]. Karlsson & Sorensen Inc. , Hibbitt. Pawtucket (RI, USA).

AIJ, 1995. Fracture in steel structures during a severe earthquake[M]. Architectural Institute of Japan, Tokyo.

Anderson T L, 2005. Fracture mechanics: fundamentals and applications[M]. Taylor & Francis.

Arita M, Iyama J,2013. Fundamental verification of crack extension rule for estimating fracture of steel [C]. Summaries of Technical Papers of Meeting Architectural Institute of Japan. B-1, Structures I, Loads, Reliability Stress Analyses Foundation Structures Shell Structures, Space Frames and Membrane Structures, 273-274.

Chaboche J L, 1984. Anisotropic creep damage in the framework of continuum damage mechanics[J]. Nuclear Engineering and Design, 79(3):309-319.

Chaboche J L, 1988. Continuum damage mechanics: Part I-general concepts [J]. Journal of Applied Mechanics, 55(1):59-64.

Chi W, Kanvinde A, Deierlein G, 2006. Prediction of ductile fracture in steel connections using SMCS criterion[J]. Journal of Structural Engineering, 132(2):171-181.

Gurson A L,1977. Continuum theory of ductile rupture by void nucleation and growth. Part I. Yield criteria and flow rules for porous ductile media[J]. Journal of Engineering Materials and Technology, 99: 2-15.

Jia L-J, Kuwamura H, 2014. Ductile fracture simulation of structural steels under monotonic tension[J]. Journal of Structural Engineering, 140(5):04013115.

Kachanov L M, 1958. Time of the rupture process under creep conditions[J]. Izvestiya Akademii Nauk SSSR Otdelenie Tekniches, 8:26-31.

Kanvinde A, Deierlein G, 2007. Finite-element simulation of ductile fracture in reduced section pull-plates using micromechanics-based fracture models[J]. Journal of Structural Engineering, 133(5):656-664.

Kanvinde A, Deierlein G, 2006. The void growth model and the stress modified critical strain model to predict ductile fracture in structural steels[J]. Journal of Structural Engineering, 132(12):1907-1918.

Kuwamura H, 2003. Classification of material and welding in fracture consideration of seismic steel frames [J]. Engineering Structures, 25(5):547-563.

Kuwamura H, 1998. Fracture of steel during an earthquake-state-of-the-art in Japan[J]. Engineering Structures, 20(4-6):310-322.

Kuwamura H, Akiyama H, 1994. Brittle fracture under repeated high stresses [J]. Journal of Constructional Steel Research, 29(1-3):5-19.

Kuwamura H, Iyama J, Matsui K, 2003. Effects of material toughness and plate thickness on brittle fracture of steel members[J]. Journal of Structural Engineering, 129(11):1475-1483.

Kuwamura H, Yamamoto K, 1997. Ductile crack as trigger of brittle fracture in steel[J]. Journal of Structural Engineering, 123(6):729-735.

Kuwamura Lab, 1995. Field survey report on structural damage during the 1995 Hyogoken-Nanbu Earthquake[R]. Kuwamura Lab, School of Engineering, The Univ. of Tokyo, Tokyo.

Lemaitre J, 1985. A continuum damage mechanics model for ductile fracture[J]. Journal of Engineering Materials and Technology, 107(1):83-89.

Mahin S A, 1998. Lessons from damage to steel buildings during the Northridge earthquake [J]. Engineering Structures, 20(4-6):261-270.

McClintock F A, 1968. A criterion for ductile fracture by the growth of holes[J]. Journal of Applied Mechanics, 35(2):363-371.

Miner M A, 1945. Cumulative damage in fatigue[J]. Journal of Applied Mechanics, 12(3):A159-A164.

Myers A, Kanvinde A, Deierlein G, 2010. Calibration of the SMCS criterion for ductile fracture in steels: specimen size dependence and parameter assessment[J]. Journal of Engineering Mechanics, 136(11): 1401-1410.

Qian X, Choo Y, Liew J, et al., 2005. Simulation of ductile fracture of circular hollow section joints using the Gurson model[J]. Journal of Structural Engineering, 131(5):768-780.

Rice J R, Tracey D M, 1969. On the ductile enlargement of voids in triaxial stress fields[J]. Journal of the Mechanics and Physics of Solids, 17(3):201-217.

Rudnicki J W, Rice J R, 1975. Conditions for the localization of deformation in pressure-sensitive dilatant materials[J]. Journal of the Mechanics and Physics of Solids, 23(6):371-394.

The Building Center of Japan, 2003. Guidelines for prevention of brittle fracture at the beam ends of welded beam-to-column connections in steel frames[M]. The Building Center of Japan, Tokyo.

Tvergaard V, 1981. Influence of voids on shear band instabilities under plane strain conditions [J]. International Journal of Fracture, 17(4):389-407.

Tvergaard V,1982a. Material failure by void coalescence in localized shear bands[J]. International Journal of Solids and Structures, 18(8):659-672.

Tvergaard V,1982b. On localization in ductile materials containing spherical voids[J]. International Journal of Fracture, 18(4):237-252.

Tvergaard V, Needleman A, 1984. Analysis of the cup-cone fracture in a round tensile bar[J]. Acta Metallurgica, 32(1):157-169.

Yamamoto H, 1978. Conditions for shear localization in the ductile fracture of void-containing materials[J]. International Journal of Fracture, 14(4):347-365.

第5章　单调加载下延性裂纹的扩展

5.1　概述

在 1994 年北岭地震和 1995 年神户地震中,观察到了焊接钢框架结构(SMRF)在焊接节点处首先发生延性裂纹,后续发生突然的脆性断裂(Kuwamura and Yamamoto, 1997; AIJ, 1995; Bruneau, et al. , 1996; Mahin, 1998; O'Sullivan, et al. , 1998)。为了阐明失效模式的机理,许多学者已经进行了大量研究(Huang, et al. , 2008; Kanvinde and Deierlein, 2006; Khandelwal and El Tawil, 2014; Kuwamura and Yamamoto, 1997; Mackenzie, et al. , 1977; Panontin and Sheppard, 1995; Rousselier, 1987)。在两次强烈地震后,有些学者致力于改善焊接钢框架节点的抗震性能(Gilton and Huang, 2002; Kim, et al. , 2002; Sumner and Murray, 2002)。

对脆性断裂前的延性断裂现象进行评价具有重要意义。在神户大地震期间还观察到了钢构件在循环大塑性应变加载下的延性断裂,如图 1-2 所示车库钢框架结构的支撑发生屈曲后的延性断裂。由于延性断裂是一种高度非线性现象,涉及材料大塑性和几何大变形。目前对金属材料延性断裂全过程的准确评价还很困难。此外,结构工程中的分析对象通常不含有初始裂纹,这与传统的线性断裂力学问题不同,前者的研究对象往往都含有初始裂纹。

近年来,一系列基于空穴成长模型(McClintock, 1968; Rice and Tracey, 1969)的细观延性断裂模型(Void Growth Model, VGM)被提出,主要用于评估延性裂纹萌生(Jia and Kuwamura, 2014; Kanvinde and Deierlein, 2006; Panontin and Sheppard, 1995; Rousselier, 1987; Zhou, et al. , 2013)。此类模型假定当空穴达到临界尺寸并相互合并时,材料发生延性断裂(Anderson, 2005)。VGM 模型通常可以较好评价单调拉伸加载下结构钢和结构构件延性裂纹萌生(Jia, et al. , 2014; Jia and Kuwamura, 2014, 2015; Kanvinde and Deierlein, 2007; Kiran and Khandelwal, 2014; Roufegarinejad and Tremblay, 2012)。结构钢一般延性较好,其中空穴成长和空穴合并是控制其延性裂纹萌生的关键因素,VGM 模型可以较好地模拟单调加载下的裂纹萌生。

对无初始裂纹金属材料的延性裂纹扩展的研究比较有限。然而,延性裂纹扩展问题对于评估金属结构的强度、延性和耗能能力是比较重要的。在很多工程问题中,只有在出现较大的裂纹扩展时,承载力才会显著降低。对于 VGM 模型,通常假定延性裂纹扩展与裂纹萌生同时发生,或延性裂纹萌生指数达到临界长度的阈值时裂纹开始扩展(Kanvinde and Deierlein, 2006)。通过初始未开裂固体模型的延性裂纹萌生和扩展通常单元删除来模拟,当裂纹萌生指数达到某一阈值(通常为 1.0)时,单元被删除。当裂纹萌生因子的分布较均匀时,即没有大的应变梯度或应力三轴度梯度时,这些方法可获得较好的精度。在这些情况下,延性裂纹在裂纹萌生后迅速扩展。这可以在光滑拉伸试件的最终破裂过程中观察到:裂纹在萌生后立即发生扩展,即使试件的断面为 100% 的延性特征断面(韧窝型)。此外,这些方法还可以模拟低断裂韧性金属的裂纹扩展,对于此类金属材料,延性裂纹萌生后脆性断裂会随即发生。然而,在涉及裂纹萌生因子分布不均匀(梯度大)的情况下,如弯曲,尤其是在结构工程中具有高韧性的高强度钢,一般仅考虑裂纹萌生准则的 VGM 模型无法很好地模拟试件的全过程力学特性。只有裂纹萌生准则的细观延性断裂模型通常会高估了试件的裂纹扩展速率,尤其是在应变和应力三轴度分布不均匀的情况下。

在结构工程中,即使同一钢种的结构钢的力学性能也会有很大的离散性。结构工程师通常只能获得材料的单调拉伸材性试验结果,从普通材性试验结果中获得延性断裂模型所需的所有参数,具有重要的实用价值。在前人研究的基础上,作者提出了同时考虑延性裂纹萌生和裂纹扩展的延性断裂模型,用断裂能定义裂纹扩展规律。本章提出并验证一种仅用高强度钢在高应力三轴度下的拉伸材性试验结果标定断裂能的简单方法。低应力和中应力三轴度剪切断裂相关的加载工况(Barsoum and Faleskog, 2007;Kiran and Khandelwal, 2014;Nahson and Hutchinson, 2008;Tvergaard, 2009;Tvergaard and Nielsen, 2010)不在本章研究范围内。作者设计加工了一系列单边 V 形缺口拉伸试件(SEVENT)和单边 U 形缺口拉伸试件(SEUNT),并在准静态加载速率下进行了单调拉伸试验。同时进行了试验结果的数值模拟,利用单调拉伸材性试验结果对断裂模型的裂纹萌生和扩展的参数进行了标定。试验结果与数值结果对比表明:新提出的延性裂纹扩展准则的断裂能计算方法可以较好地模拟单调加载下无初始裂纹试件的裂纹萌生和扩展过程。

5.2　延性断裂模型

5.2.1　裂纹萌生准则

作者提出了循环大塑性应变加载下的金属延性裂纹萌生准则(Jia, et al., 2014),其中,延性裂纹萌生的损伤指数 D_{ini} 在数值积分过程中以增量形式定义:

$$\mathrm{d}D_{ini} = \frac{\mathrm{d}\varepsilon_{eq}^{\mathrm{P}}}{\chi_{\mathrm{cr}} \cdot \mathrm{e}^{-\frac{3}{2}T}} \tag{5-1}$$

式中　χ_{cr}——与裂纹萌生相关的材料参数；

　　　　$d\epsilon_{eq}^{P}$——等效塑性应变增量；

　　　　T——将金属的静水压力与等效 Mises 应力之比定义为应力三轴度。

假设不同应力三轴度下的损伤增量累积服从线性函数，即 Miner 法则(Miner，1945)，假设当裂纹萌生因子 D_{ini} 达到 1.0 时材料发生延性断裂。这里的术语"延性裂纹萌生"表示 $0.01 \sim 0.1$ mm 尺度的微裂纹。在以前的研究中，仅采用式(5-1)中的延性裂纹萌生准则的断裂模型预测结构钢的延性断裂，未采用裂纹扩展规律，当损伤指数 D_{ini} 达到 1.0 时，假设裂纹在裂纹萌生后立即扩展。当单元的损伤指数 D_{ini} 达到 1.0 时，采用单元删除法模拟裂纹扩展。如简介中所述，当试件截面上的应变和应力三轴度分布均匀时，此假设可能表现良好。在之前两项研究中(Jia, et al.，2014，2016)，由于应力和应变分布不均匀，弯曲变形占主导地位，使用上述裂纹萌生后即刻扩展的断裂准则会导致断裂预测时刻比试验结果更早，因此使用仅包含裂纹萌生准则的延性断裂模型无法很好地评估裂纹的扩展过程。

5.2.2　延性裂纹扩展准则

裂纹扩展准则是基于能量平衡的概念(Hillerborg, et al.，1976)，该准则假定形成单位面积的裂纹表面需要吸收一定量的能量 G_c。在裂纹扩展过程中会释放一定量的储能，当释放的能量大于打开裂纹所需吸收的能量时，裂纹扩展。该方法与 VGM 相结合，可使用较大网格的单元模拟不含初始裂纹金属结构裂纹的萌生和扩展，而传统的断裂力学方法仅适用于裂纹尖端具有相当精细化网格且含初始裂纹连续体的裂纹扩展(Qian and Yang，2012)。可以定义裂纹扩展因子 D_{prop}：

$$D_{prop} = \frac{G}{G_c} \qquad (5-2)$$

式中　G——如图 5-1 所示细观裂纹萌生后单位面积所吸收的能量；

　　　　G_c——裂纹表面单位面积吸收能量的阈值。

利用有效应力与裂纹宽度 w_1 之间的关系，可以从以下方程计算 G_c：

$$G_c = \int_0^{w_1} \sigma_e \, dw \qquad (5-3)$$

式中　w_1——当 D_{prop} 达到 1.0 时对应的裂缝宽度；

　　　　σ_e——如图 5-1 所示的受损材料的有效应力。

与文献中提出的原始裂纹扩展规律不同(Hillerborg, et al.，1976)，通过有效应力的概念来考虑材料劣化

$$\sigma_e = (1 - D_{prop}) \cdot \sigma \qquad (5-4)$$

式(5-4)假设有效应力随着 D_{prop} 的增加线性减小。在有限元分析中，裂纹宽度可以基于特征单元长度 l_e 的概念采用等效塑性应变描述。特征单元长度的定义取决于单元的几何

和单元类型。对于梁和桁架等线单元,它是沿构件轴方向的特征长度;对于平面单元,它是面积的平方根;对于实体单元,它是单元体积的立方根。裂纹扩展损伤因子 D_{prop} 也可由以下公式给出:

$$D_{prop} = \frac{l_c \cdot (\varepsilon_{eq}^P - \varepsilon_{eq,\,ini}^P)}{w_1} \tag{5-5}$$

式中　ε_{eq}^P——等效塑性应变;

$\varepsilon_{eq,\,ini}^P$——如图 5-1 所示细观裂纹萌生时刻的等效塑性应变,对应的 D_{ini} 和 D_{prop} 分别等于 1.0 和 0。

这种处理可以减少有限元法的网格依赖性,从而可采用较大的单元模拟延性断裂问题。

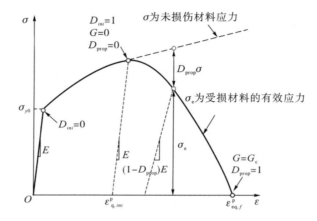

图 5-1　单调加载下包含裂纹萌生和扩展准则的延性断裂模型示意图

考虑受损材料加载和卸载模量的退化,受损材料的弹性卸载模量可表示为

$$E_d = (1 - D_{prop}) \cdot E \tag{5-6}$$

式中,E 是未损伤材料的初始弹性杨氏模量。

5.2.3　获得延性断裂参数和真实应力真实应变数据的方法

与疲劳裂纹不同,金属的延性断裂相关参数通常可从材料单调拉伸材性试验获得,而一般材料单调拉伸材性试验的尺寸效应可忽略不计。对于单调加载下的延性断裂模拟,不仅要获得断裂参数,还要获得断裂前的真实应力-真实应变数据。标定参数的详细过程如图 5-2 所示。仅使用普通单调拉伸材性试验来获得式(5-1)中延性裂纹萌生相关材料参数 χ_{cr}。同样仅使用单调拉伸材性试验来获得延性断裂的断裂能 G_c。常用单调拉伸材性试验的荷载-位移曲线如图 5-3 所示。

延性金属单调拉伸材性试件的总耗能可分为两部分,第一部分等于荷载-变形曲线下直至裂纹萌生(微裂纹)阶段所包围的面积,另一部分是从裂纹萌生阶段到扩展至整个横截面

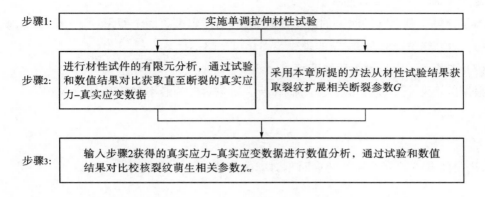

图 5-2　校正断裂模型参数和直至断裂的真实应力-真实应变数据的过程

阶段曲线所包含的能量。后者代表裂纹扩展过程中吸收的能量,即断裂能。在裂纹扩展阶段,塑性应变只发生在裂纹尖端,而其他部位的材料由于荷载降低而发生卸载。如果拉伸试件试验是由慢速位移控制,且采样频率足够高,则可以捕捉断裂过程,直到荷载降至零时为止。为了捕捉断裂过程,试验加载系统的反力框架需要有足够的刚度,原理类似于混凝土材料单轴压缩下降段的测试试验,足够大的加载系统刚度可以有效确保材性试件断裂过程更加平稳。由于在

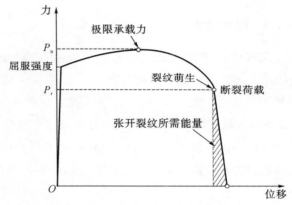

图 5-3　采用单调拉伸材性试验结果计算断裂能的方法示意图

裂纹扩展阶段,荷载的减小不会在其他区域引起显著塑性,因此该方法可以获得较为精确的 G_c 值。图 5-3 中阴影部分所示的能量是最小横截面的断裂能。要计算单位面积吸收能量的阈值 G_c,必须知道变形最小横截面的面积。由于断裂面形状不规则,很难准确测量其横截面面积。作者提出了一种计算裂纹表面横截面面积的方法。

当单轴拉伸材性试件达到其峰值荷载时,颈缩开始。给定材性试件的初始截面积 A_0 和当前的截面积 A,材料的对数应变(真实应变)可表示为

$$\varepsilon = \ln \frac{A_0}{A} \tag{5-7}$$

因此,可以得到对应于峰值荷载的横截面面积 A_u:

$$A_u = \frac{A_0}{e^{\varepsilon_u}} \tag{5-8}$$

式中,ε_u是对应于峰值荷载的真实应变。

为了计算全截面断裂时刻的最小横截面面积,作者做了两个假设:

(1)达到峰值荷载后,材料的进一步强化可忽略不计。

(2)横截面面积与颈缩后的荷载成比例。

根据以上两个假设,可以计算全截面断裂时刻对应的最小横截面面积A_r:

$$A_r = \frac{P_r}{P_u} A_u \tag{5-9}$$

式中,P_r是图5-3所示全截面断裂时刻对应的荷载。

5.3　试验

5.3.1　材性试验

所有的材性试样和试件都加工自同一块12 mm厚钢板,钢板材料为我国高强度钢Q460C。为了获得高强度钢的真实应力-真实应变数据,制作了3个试样。表5-1给出了测量的平均力学性能。此外,本材性试验采用了专门设计的位移量程为60 mm、标距长度为200 mm的拱形引伸计,该引伸计可获得试件直至最终断裂的伸长率而不用取下。材性试验在室温下以准静态速度加载,该速度足够慢,以捕捉断裂下降段的位移数据。研究发现:高强度钢的断面为100%的韧窝型延性断面,没有脆性断面,表明高强度钢具有较高的断裂韧性。

表 5-1　　　　　　　　　　　测得的平均力学性能

钢种	屈服应力/MPa	抗拉强度/MPa	伸长率/%	χ_{cr}	G_c/(J·mm^{-2})
Q460C	480.6	560.7	15.8	2.4	0.22

注:G_c为裂纹萌生后单位面积材料的断裂能阈值;χ_{cr}为与裂纹萌生规则有关的材料参数。

5.3.2　试件设计

本试验包括两个系列不同拓扑的试件,如图5-4所示的单边V形缺口试件(SEVNT)和单边U形缺口试件(SEUNT)。设计的V形缺口和U形缺口试件主要是为了考察应变集中对试件破坏过程的影响。对于每类V形缺口试件,分别制造了两个试件,每类U形缺口试件加工了3个试件。共制作了6个V形缺口试件和9个U形缺口试件。由于机械加工工艺的限制,将V形缺口试件缺口根部的半径设置为小于0.1 mm,将U形缺口试件的缺口底部半径均设计为2 mm。设计了3种不同的缺口深度,主要是为了研究截面塑性应变水平对断裂过程的影响。缺口深宽比(缺口深度与初始截面宽度的比值)分别设计为

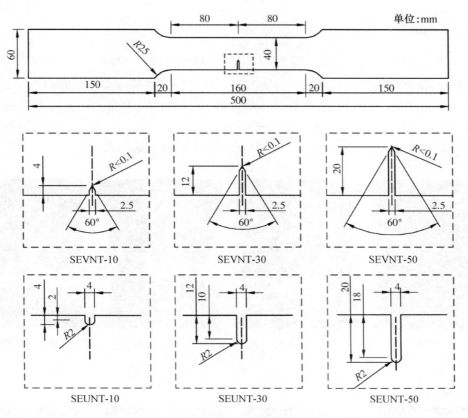

图 5-4 单边缺口试件的设计

10%,30% 和 50%,均匀截面的宽度均设计为
40 mm。试件的编号以"SEVNT-10-1"为例说明,
"SEVNT"即代表单边 V 形缺口试件,"10"代表缺口
深宽比为 10%,"1"代表相应试件的编号。

5.3.3 试件加载

所有试件均使用 MTS 加载系统加载,该加载系
统的极限加载能力为 500 kN,最大位移行程为
±75 mm,其中加载机的框架带有 4 根刚度较大的
柱,其刚度足以确保拉伸试件断裂过程足够平稳。试
验装置如图 5-5 所示,其中 4 个位移传感器用于监测
试件的净位移。所有试验均采用上下位移传感器之
间的平均净位移数据进行加载控制。所有试验均在
室温下以准静态速度进行。

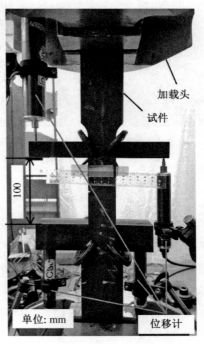

图 5-5 试件加载及测试

5.3.4　试验结果

图 5-6、图 5-7 中分别给出了单边 V 形缺口试件和单边 U 形缺口试件的破坏过程。单边 V 形缺口试件的裂纹走向呈"Z"形，所有裂纹均由缺口根部的厚度中间萌生。尖锐的 V 形缺口都是由于极大的塑性变形，缺口逐渐变钝，缺口根部的轮廓逐渐接近 U 形缺口。与 V 形缺口试件不同，U 形缺口试件的侧向断裂路径为直线。典型试件断面如图 5-8 所示，所有断裂模式均为延性断裂。在试件的断面上可以观察到清晰的剪切唇。

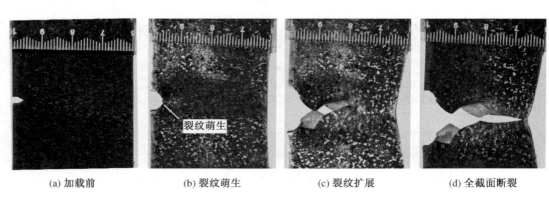

| (a) 加载前 | (b) 裂纹萌生 | (c) 裂纹扩展 | (d) 全截面断裂 |

图 5-6　单边 V 形缺口试件的断裂过程

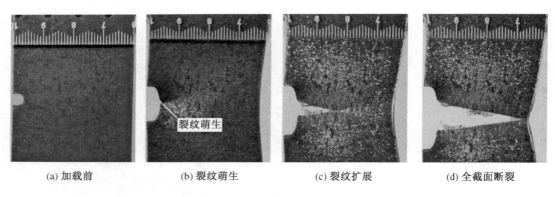

| (a) 加载前 | (b) 裂纹萌生 | (c) 裂纹扩展 | (d) 全截面断裂 |

图 5-7　单边 U 形缺口试件的断裂过程

试件的荷载-位移曲线如图 5-9 所示，曲线中标出了峰值荷载和裂纹萌生对应的点。曲线中的宏观裂纹萌生定义为约 1 mm 的尺度。在所有试验中，在宏观裂纹萌生后每隔 1 mm 停止试验，拍摄照片并沿宽度方向测量试件的裂纹长度。照片拍摄的时刻也可以从荷载-位移曲线中观察到，在曲线中可以发现由于试验暂停而导致的荷载瞬时下降而产生的多条"短竖线"。试验曲线显示：达到峰值荷载后裂纹才开始出现。但是，对于某些单边 V 形缺口试件（例如，试件 SEVNT-10），在达到峰值荷载前，裂纹也可能会出现。对于切口深度相同的试样，U 形切口试件的全截面断裂位移比 V 形切口试件的大。随着切口深度的增加，全截面断裂位移逐渐减小。试验结果也显示：相同设计试件之间的试验结果离散性较小，表明

(a) SEVNT-10　(b) SEVNT-30　(c) SEVNT-50　(d) SEUNT-10　(e) SEUNT-30　(f) SEUNT-50

图 5-8　试件的断面

延性断裂试件的力学性能稳定,试验设计合理。表 5-2 所列的试验结果表明,所有缺口试件的裂纹萌生位移和断裂位移都随着缺口深度的增加而减小。表 5-2 还显示了具有相同几何拓扑试件的峰值荷载比较接近,这意味着加工试件的钢板也具有稳定的力学性能。

表 5-2　　　　　　　　　　　　　　　　试件的试验结果

编号	试件	$P_{u,t}$ / kN	$\Delta_{u,t}$ / mm	$P_{ini,t}$ / kN	$\Delta_{ini,t}$ / mm	$\Delta_{r,t}$ / mm
1	SEVNT-10-1	251.3	6.1	249.3	5.0	18.0
2	SEVNT-10-2	254.5	5.1	253.5	5.0	17.9
3	SEVNT-30-1	186.8	3.4	186.3	3.0	12.5
4	SEVNT-30-2	187.0	3.1	186.7	3.0	13.8
5	SEVNT-50-1	146.0	2.7	142.4	2.7	11.5
6	SEVNT-50-2	140.7	2.9	140.2	2.8	11.3
7	SEUNT-10-1	250.0	6.5	248.6	7.4	18.8
8	SEUNT-10-2	248.7	6.8	248.1	7.6	19.2
9	SEUNT-10-3	250.8	6.7	250.0	7.5	18.9
10	SEUNT-30-1	194.4	4.7	190.6	5.8	15.0
11	SEUNT-30-2	189.4	4.6	188.0	5.5	14.5
12	SEUNT-30-3	205.7	4.1	200.1	5.8	15.1
13	SEUNT-50-1	143.0	3.5	138.5	5.0	11.3
14	SEUNT-50-2	141.4	3.7	138.3	5.1	12.5
15	SEUNT-50-3	147.6	3.3	143.2	5.0	12.4

注:$P_{u,t}$—峰值荷载;

　　$\Delta_{u,t}$—峰值荷载对应的位移;

　　$P_{ini,t}$—裂纹萌生时试件的荷载;

　　$\Delta_{ini,t}$—裂纹萌生时对应的位移;

　　$\Delta_{r,t}$—全截面断裂时对应的位移。

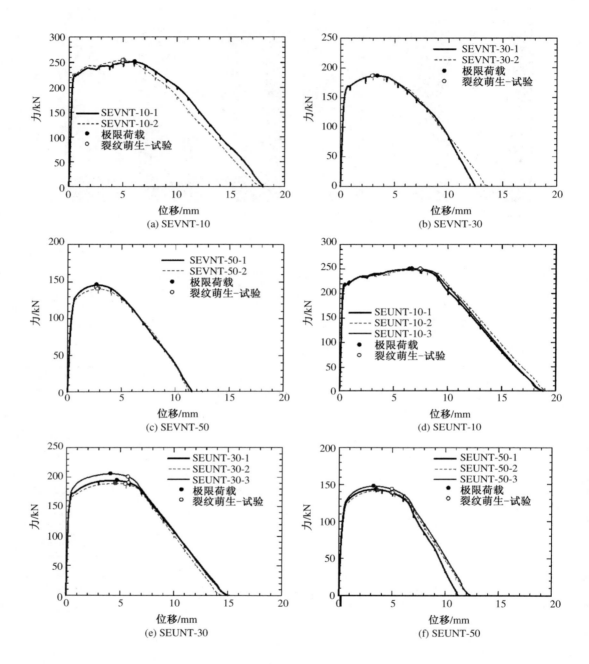

图 5-9　试验测得的试件荷载-位移曲线

试件的裂纹扩展曲线如图 5-10 所示,纵轴为裂纹长宽比,横轴为位移。裂纹萌生后的曲线近似为直线,表明裂纹长宽比与位移近似呈线性关系。

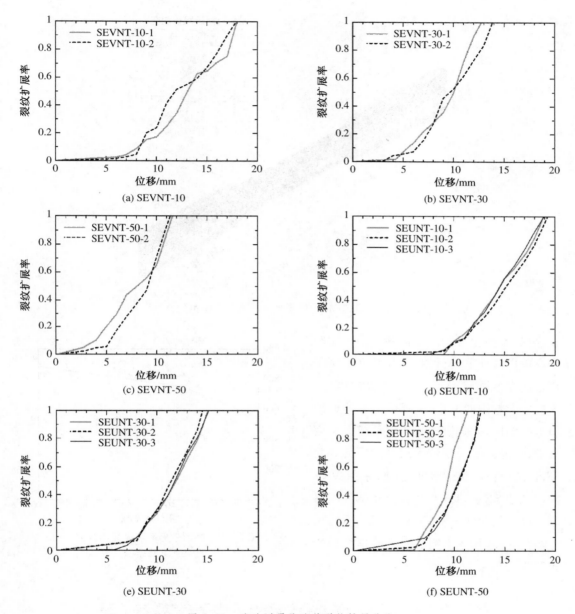

图 5-10　试验测得的试件裂纹扩展曲线

5.4　数值模拟

5.4.1　有限元建模

典型单边 U 形缺口试件的三维实体单元模型如图 5-11 所示。为了模拟所有试件的开裂过程,使用了实际测量的试件尺寸。考虑到试验的边界条件,将有限元模型的一端设为固

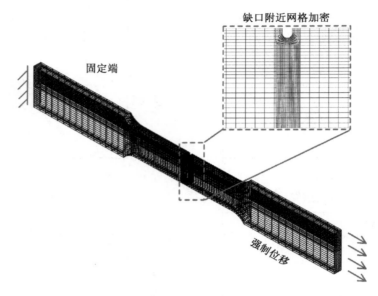

图 5-11 单边 U 形缺口的有限元模型

定,另一端施加强制位移荷载。由于试验是在单调拉伸下进行的,因此塑性模型采用各向同性强化模型,输入的真实应力-塑性应变数据如图 5-12 所示。在靠近缺口根部的区域采用细网格准确捕捉应变集中,其他区域采用较大尺寸的网格。此外,在进行试验结果模拟之前,采用 V 形缺口试件 SEVNT-10 对数值模型的网格划分进行收敛性分析,三种不同的网格尺寸如图 5-13 所示。粗、中、细网格模型的典型单元尺寸分别为 3.2 mm,2.5 mm

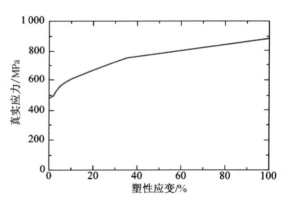

图 5-12 数值分析采用的真实应力-
塑性应变数据

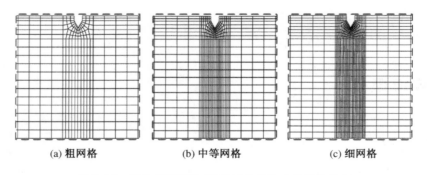

(a) 粗网格   (b) 中等网格   (c) 细网格

图 5-13 试件 SEVNT-10 不同单元尺寸的网格划分

和 1.1 mm。收敛性分析结果如图 5-14 所示,图中给出了荷载-位移曲线和无量纲化的裂缝长度(裂缝长度与截面最小宽度之比)的曲线。结果表明:粗网格模型与其他两种模型的差异较大,中、细网格模型的差异较小。考虑到精确性,所有模型均采用细网格划分单元。使用 ABAQUS 中的显式模块进行断裂模拟,并设置足够长的分析时间确保模拟处于准静态。针对大塑性应变问题,有限元模型采用简化积分的三维实体单元(C3D8R),具有良好的收敛性和计算效率。

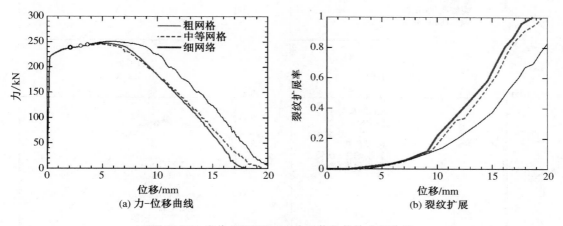

图 5-14　试件 SEVNT-10 的网格依赖性分析结果

分析中采用了考虑裂纹萌生和裂纹扩展规律的断裂模型,并根据式(5-4)考虑了材料损伤导致的应力退化。式(5-1)中的断裂模型参数 χ_{cr} 可通过单调拉伸材性试验获得,如表 5-1 所示,其值为 2.4。式(5-3)中的断裂能 G_c 也可根据上述标定方法从单调拉伸材性试验中获得。根据 3 个材性试件的平均试验结果,G_c 的平均值为 0.22 J/mm^2,如表 5-1 所示。得到的值远小于先前研究中 V 形缺口夏比冲击试件得到的值,主要原因是,使用夏比冲击能计算的值包含了材料在裂纹萌生前因塑性应变而产生的很大一部分能量。

5.4.2　试验和数值模拟结果的对比

将试验荷载-位移曲线与图 5-15 中相应的模拟结果进行了比较,并在曲线中标出了宏观裂纹萌生的时刻。试验中裂纹萌生的发生是在缺口根部单元特征长度相同的尺寸下定义的。对比结果表明,有限元分析的裂纹萌生时刻与试验结果基本吻合。数值计算结果也能较好地模拟试件的荷载-位移曲线,试验结果与数值结果的对比如图 5-16 所示。对比结果表明作者所提出的断裂模型及其参数标定方法能够准确模拟单调拉伸/拉弯加载下结构钢的裂纹萌生和直至试件全截面断裂的扩展过程。应当注意的是:延性断裂模型能够预测全截面断裂前的裂纹扩展全过程,这和所有试件的断面都是 100% 的韧窝型延性断面相关的。对于断裂韧性较低的金属,在整个断裂截面内可能存在一部分或几乎全部脆性断面,模型的预测结果可能就会高估材料的抗裂能力。试验中单边 V 形缺口试件和单边 U 形缺口试件

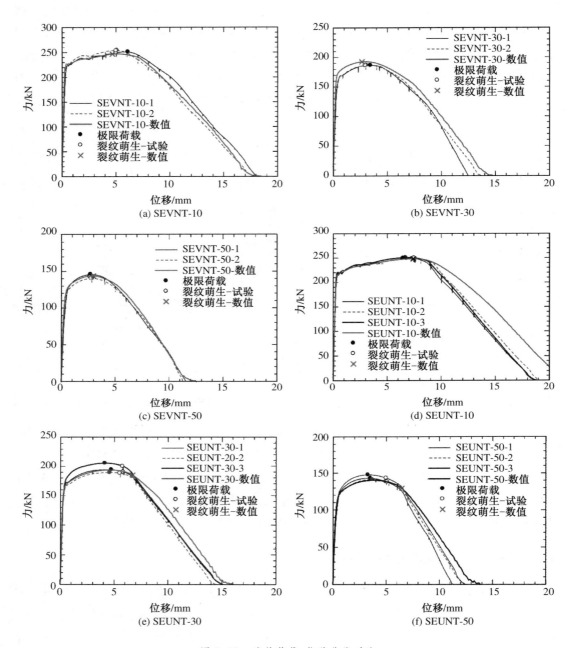

图 5-15　试件荷载-位移曲线对比

的裂纹萌生和全截面断裂时刻与相应的数值模拟结果的对比如图 5-17 和图 5-18 所示。与试验结果相同,模拟中所有试件预测的裂纹首先萌生于缺口根部板厚中间处。对于 U 形缺口试件,数值模拟结果可以捕捉到裂纹的扩展路径。与试验类似,数值模拟的裂纹走向沿水平方向的裂纹扩展路径几乎是一条直线。然而对于 V 形缺口试件,试验中由于材料初始缺陷、加工误差、加载偏心等可能原因造成初始裂纹的走向沿着试件长度方向中间横截面不对称开展,形成了"Z"形裂纹走向。数值模拟未能定量考虑相关的误差,模拟出来的裂纹走向无法再现试验结果,数值模拟的裂纹走向几乎是一条直线,如图 5-6(b)所示。

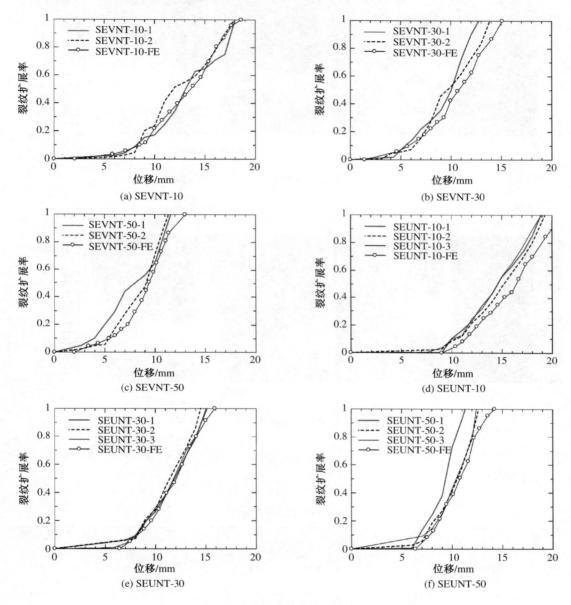

图 5-16　试验结果与数值结果裂纹扩展对比

　　对比结果的定量分析如表 5-3 所示,包括不同临界状态下的荷载和位移,即峰值荷载、裂纹萌生和全截面断裂时刻。试验结果与数值分析结果吻合较好。数值结果与相应的试验结果之比的平均值在 0.99～1.07,变异系数在 0.02～0.15。结果表明,荷载的对比结果优于位移的对比结果。由于试验过程中测得的间隔(1 mm)较大,预测裂纹萌生位移与试验位移之比 $\Delta_{ini,FE}/\Delta_{ini,t}$ 的变异系数最大,同时也难以准确测量裂纹初始阶段中厚处的裂纹长

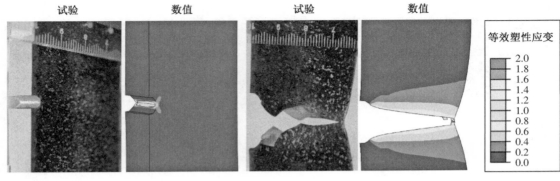

(a) 裂纹萌生   (b) 全截面断裂

图 5-17 单边 V 形缺口试件试验和数值结果失效模式的对比

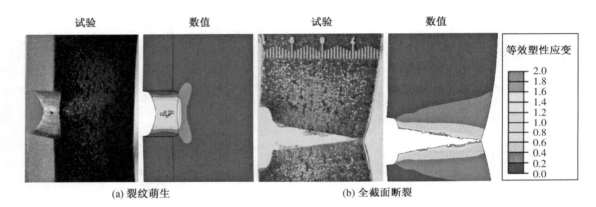

(a) 裂纹萌生   (b) 全截面断裂

图 5-18 单边 U 形缺口试件试验和数值结果失效模式的对比

度。从表中可以看出,预测全截面断裂时的位移与试验对应位移比值 $\Delta_{r,FE}/\Delta_{r,t}$ 的变异系数要小得多。

表 5-3   试验和数值结果的对比

编号	试件	$\dfrac{P_{u,FE}}{P_{u,t}}$	$\dfrac{\Delta_{u,FE}}{\Delta_{u,t}}$	$\dfrac{P_{ini,FE}}{P_{ini,t}}$	$\dfrac{\Delta_{ini,FE}}{\Delta_{ini,t}}$	$\dfrac{\Delta_{r,FE}}{\Delta_{r,t}}$
1	SEVNT-10	0.98	0.91	0.98	0.94	0.99
2	SEVNT-30	1.03	0.94	1.03	0.91	1.09
3	SEVNT-50	1.00	1.00	1.02	1.095	1.05
4	SEUNT-10	0.99	1.10	1.00	0.99	1.17
5	SEUNT-30	0.99	1.00	0.96	1.18	1.03
6	SEUNT-50	0.97	1.11	0.92	1.30	1.10

(续表)

编号	试件	$\dfrac{P_{u, FE}}{P_{u, t}}$	$\dfrac{\Delta_{u, FE}}{\Delta_{u, t}}$	$\dfrac{P_{ini, FE}}{P_{ini, t}}$	$\dfrac{\Delta_{ini, FE}}{\Delta_{ini, t}}$	$\dfrac{\Delta_{r, FE}}{\Delta_{r, t}}$
	平均值	0.99	1.01	0.99	1.07	1.07
	变异系数	0.02	0.08	0.04	0.15	0.06

注：$P_{u, FE}$—数值结果的峰值荷载；
　　$P_{u, t}$—试验结果的峰值荷载；
　　$\Delta_{u, FE}$—数值结果峰值荷载对应的位移；
　　$\Delta_{u, t}$—试验结果峰值荷载对应的位移；
　　$P_{ini, FE}$—数值结果裂纹萌生时试件的荷载；
　　$P_{ini, t}$—试验结果裂纹萌生时试件的荷载；
　　$\Delta_{ini, FE}$—数值结果裂纹萌生对应的位移；
　　$\Delta_{ini, t}$—试验结果裂纹萌生对应的位移；
　　$\Delta_{r, FE}$—数值结果全截面断裂对应的位移；
　　$\Delta_{r, t}$—试验结果全截面断裂对应的位移。

5.5　讨论

　　采用数值分析方法,对光滑拉伸试件的开裂过程进行了模拟。图 5-19 给出了不同临界状态下,即裂纹萌生前、裂纹萌生时和裂纹扩展期间的等效塑性应变云图。图 5-19 表明:裂纹扩展过程中塑性应变范围和峰值基本保持不变,表明裂纹扩展过程中除裂纹尖端外,其它区域几乎没有塑性应变进一步扩展。这主要是由于光滑拉伸试件断裂过程中荷载下降,大部分区域处于卸载状态所致。图 5-20 给出了各试件的等效塑性应变云图,说明了试件在裂

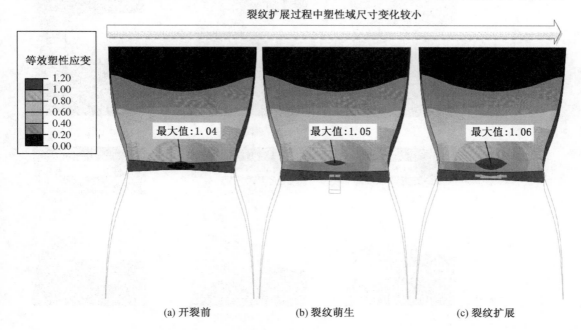

(a) 开裂前　　　　　　(b) 裂纹萌生　　　　　　(c) 裂纹扩展

图 5-19　拉伸材性试件裂纹扩展过程中塑性应变发展

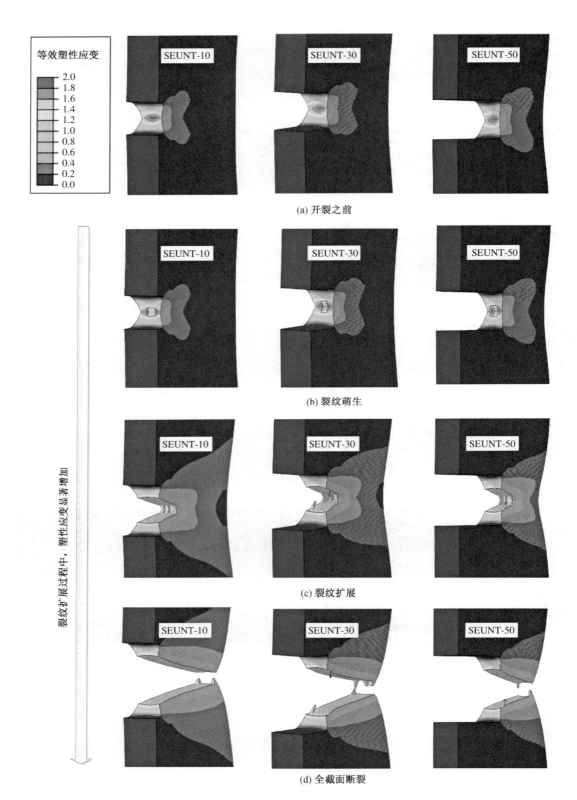

图 5-20　裂纹扩展过程中裂纹尖端的塑性应变发展

纹扩展阶段产生了显著的塑性应变。结果表明:夏氏冲击试件的应变分布与拉弯试件的应变分布相似。夏氏冲击试件的断裂能包含了产生塑性变形的大量能量,这将大大高估打开裂纹所需要的断裂能。因此,由于单轴拉伸材性试验在裂纹扩展阶段仅会产生微小的塑性应变,因此使用光滑拉伸试件进行断裂能标定的方法更为精确。

5.6　小结

在前期研究中,作者提出了一种可模拟裂纹萌生和裂纹扩展的细观延性断裂模型,其中裂纹萌生准则是基于空穴成长理论,裂纹扩展准则是文献中提出的一种基于断裂能的方法。与上述两个准则相关的断裂参数的标定方法是延性断裂模拟的重要问题之一,通常需要特殊设计的试件和测试设备,这阻碍了延性断裂模型的广泛应用。在本章中,作者提出了一种简单而实用的方法,以仅通过材料的单调拉伸材性试验结果来获取材料的断裂扩展参数 G_c。对高强度钢 Q460C 单边缺口试件进行了单调拉伸加载下的延性断裂试验,分别设计了 V 形缺口和 U 形缺口试件。对上述断裂能标定方法进行了数值研究。根据试验和数值结果,可以得出以下主要结论。

(1) Q460C 级钢的所有断面均为 100%延性,表明高强度钢具有较高的断裂韧性。

(2) 缺口形状较尖锐的 V 形缺口试件,其缺口根部在裂纹萌生时变钝,V 形缺口试件与 U 形缺口试件的断裂位移差在 10%以内,表明应变集中对高断裂韧性高强钢的延性断裂过程影响较小。

(3) 采用延性断裂模型进行数值分析,可以准确评价所有试件在单调拉伸荷载作用下的延性裂纹萌生和直至全截面断裂的裂纹扩展过程,验证了所提出断裂能标定方法的适用性。

(4) 本章所采用的 Q460C 钢标定的断裂能为 $0.22\ \mathrm{J/mm^2}$,相关模型及其参数标定结果可以成功地模拟不同缺口深度 V 形和 U 形缺口试件的断裂过程。不同缺口深度试件缺口根部的平均塑性应变水平不同,但标定的裂纹扩展参数仍然一致,表明应变约束程度对延性断裂能的影响较小。

通过对高强度钢单边缺口试件的单调拉伸试验,验证了所提的延性断裂模型及其参数标定方法的合理性。

参考文献

ABAQUS, 2010. ABAQUS standard manual (Version 6. 10)[Z]. Karlsson & Sorensen Inc., Hibbitt. Pawtucket (RI, USA).

AIJ, 1995. Fracture in steel structures during a severe earthquake[R]. Architectural Institute of Japan, Tokyo.

Anderson T L, 2005. Fracture mechanics: fundamentals and applications[M]. Taylor & Francis.

Barsoum I, Faleskog J, 2007. Rupture mechanisms in combined tension and shear-Micromechanics[J]. International Journal of Solids and Structures, 44:5481-5498.

Bruneau M, Wilson J C, Tremblay R, 1996. Performance of steel bridges during the 1995 Hyogo-ken Nanbu (Kobe, Japan) earthquake[J]. Canadian Journal of Civil Engineering, 23(3):678-713.

Gilton C, Uang C M, 2002. Cyclic response and design recommendations of weak-axis reduced beam section moment connections[J]. Journal of Structural Engineering, 128(4):452-463.

Hillerborg A, Modéer M, Petersson P E, 1976. Analysis of crack formation and crack growth in concrete by means of fracture mechanics and finite elements[J]. Cement and Concrete Research, 6(6):773-781.

Huang Y, Mahin S A, Nishkian E, 2008. Evaluation of steel structure deterioration with cyclic damaged plasticity[C]. Proceedings of the 14th World Conference on Earthquake Engineering Beijing, China.

Jia L-J, Ikai T, Shinohara K, et al., 2016. Ductile crack initiation and propagation of structural steels under cyclic combined shear and normal stress loading[J]. Construction & Building Materials, 112: 69-83.

Jia L-J, Koyama T, Kuwamura H, 2014. Experimental and numerical study of postbuckling ductile fracture of heat-treated SHS stub columns[J]. Journal of Structural Engineering, 140(7):04014044.

Jia L-J, Kuwamura H, 2014. Ductile fracture simulation of structural steels under monotonic tension[J]. Journal of Structural Engineering, 140(5):462-482.

Jia L-J, Kuwamura H, 2015. Ductile fracture model for structural steel under cyclic large strain loading[J]. Journal of Constructional Steel Research, 106:110-121.

Kanvinde A, Deierlein G, 2007. Finite-element simulation of ductile fracture in reduced section pull-plates using micromechanics-based fracture models[J]. Journal of Structural Engineering, 133(5):656-664.

Kanvinde A, Deierlein G, 2006. The void growth model and the stress modified critical strain model to predict ductile fracture in structural steels[J]. Journal of Structural Engineering, 132(12):1907-1918.

Khandelwal K, El-Tawil S, 2014. A finite strain continuum damage model for simulating ductile fracture in steels[J]. Engineering Fracture Mechanics, 116:172-189.

Kim T, Whittaker A, Gilani A, et al., 2002. Experimental evaluation of plate-reinforced steel moment-resisting connections[J]. Journal of Structural Engineering, 128(4):483-491.

Kiran R, Khandelwal K, 2014a. Experimental Studies and Models for Ductile Fracture in ASTM A992 Steels at High Triaxiality[J]. Journal of Structural Engineering, 140(2):04013044.

Kiran R, Khandelwal K, 2014b. A triaxiality and Lode parameter dependent ductile fracture criterion[J]. Engineering Fracture Mechanics, 128:121-138.

Kuwamura H, Yamamoto K, 1997. Ductile crack as trigger of brittle fracture in steel[J]. Journal of Structural Engineering, 123(6):729-735.

Mackenzie A C, Hancock J W, Brown D K, 1977. On the influence of state of stress on ductile failure initiation in high strength steels[J]. Engineering Fracture Mechanics, 9(1):167-188.

Mahin S A, 1998. Lessons from damage to steel buildings during the Northridge earthquake[J]. Engineering Structures, 20(4-6):261-270.

McClintock F A, 1968. A criterion for ductile fracture by the growth of holes[J]. Journal of Applied

Mechanics，35(2):363-371.

Miner M A，1945. Cumulative damage in fatigue[J]. Journal of Applied Mechanics，12(3):159-164.

Nahshon K，Hutchinson J W，2008. Modification of the Gurson Model for shear failure[J]. European Journal of Mechanics - A/Solids，27(1):1-17.

O'Sullivan D，Hajjar J，Leon R，1998. Repairs tomid-rise steel frame damaged in Northridge Earthquake [J]. Journal of Performance of Constructed Facilities，12(4):213-220.

Panontin T L，Sheppard S D，1995. The relationship between constraint and ductile fracture initiation as defined by micromechanical analyses[C]. ASTM STP 1256，ASTM，West Conshohoken，PA，54-85.

Qian X，Yang W，2012. Initiation of ductile fracture in mixed-mode I and II aluminum alloy specimens[J]. Engineering Fracture Mechanics，93:189-203.

Rice J R，Tracey D M，1969. On the ductile enlargement of voids in triaxial stress fields[J]. Journal of the Mechanics and Physics of Solids，17(3):201-217.

Roufegarinejad A，Tremblay R，2012. Finite element modeling of the inelastic cyclic response and fracture life of square tubular steel bracing members subjected to seismic inelastic loading[C]. STESSA 2012，F. Mazzolani,R. Herrera，eds.，Taylor and Francis Group，97-103.

Rousselier G，1987. Ductile fracture models and their potential in local approach of fracture[J]. Nuclear Engineering and Design，105(1):97-111.

Sumner E，Murray T，2002. Behavior of extended end-plate moment connections subject to cyclic loading [J]. Journal of Structural Engineering，128(4):501-508.

Tvergaard V，2009. Behaviour of voids in a shear field[J]. International Journal of Fracture，158(1): 41-49.

Tvergaard V，Nielsen K L，2010. Relations between a micro-mechanical model and a damage model for ductile failure in shear[J]. Journal of the Mechanics and Physics of Solids，58(9):1243-1252.

Zhou H，Wang Y，Shi Y，et al.，2013. Extremely low cycle fatigue prediction of steel beam-to-column connection by using a micro-mechanics based fracture model[J]. International Journal of Fatigue，48:90-100.

第6章 循环加载下结构钢的延性断裂模型

6.1 概述

地震荷载作用下的延性断裂常被归为低周疲劳,因为这两种断裂模式都是在少数的循环加载后发生的。Kuwamura(1997)基于沙漏形缺口试件的循环加载试验结果发现:随着加载应变幅的增加,钢材的断裂模式从低周疲劳转变为延性断裂。在地震过程中,结构通常在几圈至上百圈加载循环内经历较大的塑性(不考虑小幅值下的弹性循环),断裂模式应划分为延性断裂,而不是低周疲劳断裂。上述研究成果对钢结构在地震荷载作用下的断裂研究具有重要意义,因为这两种断裂模式的机理和评价方法可能是不同的。在扫描电子显微镜下对延性断面进行观察,可以看到延性断面具有很多韧窝。且延性断裂一般没有大的尺度效应,因此仅用小尺度的单调拉伸材性试件结果就可以预测。然而,典型的低周疲劳断面的扫描电镜特征是疲劳辉纹。用单调拉伸试件试验预测低周疲劳寿命可能比较困难。为了区分延性断裂的加载历史与小应变幅的低周疲劳的加载历史,本书将地震荷载下的延性断裂对应的加载历史称为超低周疲劳加载。

Bonora(1997)提出了一个连续损伤力学模型,用于评估单调加载下的延性断裂,该模型有5个模型参数,其中参数的标定需要使用一个光滑的缺口试件进行多次的加/卸载试验,这不利于相关理论在结构工程中的应用。Pirondi和Bonora(2003)对上述延性断裂模型进行了改进,已应用于超低周疲劳加载下的延性断裂问题。相关模型假定损伤指数当且仅当应力三轴度为正时才会累积。根据之前试验和理论的研究结果,在负应力三轴度下仍有可能发生累积损伤,上述假定与现有的研究结果仍有一定的出入(Bao and Treitler, 2004;Enami, 2005)。此外,负应力三轴度下的损伤规律及机理尚待进一步阐明。

对超低周疲劳加载下金属延性断裂的研究已有一些文献报道。Ohata和Toyoda(2004)提出了基于有效应力概念的断裂模型,假设各向同性强化应力达到阈值时材料发生断裂。该模型还被应用于循环增幅弯曲加载下圆钢管的延性断裂预测(Toyoda, 2000)和超低周疲劳加载下钢桥墩梁柱节点的断裂预测(Yasuda, et al., 2004)。然而,该模型可能不适用于定幅循环加载,因为一般硬化金属材料的各向同性强化分量会在定幅加载下迅速趋于稳定而不再增加,根据上述基于各向同性强化应力的破坏准则,金属材料不会发生断裂,而这与实际情况不符。

Bao 和 Treitler(2004)基于对不同预压应变的光滑缺口铝合金试件的拉伸试验,提出了具有 3 个模型参数的经验断裂模型。模型的表达式比较简单,但要得到应力三轴度与断裂应变之间的定量关系,需要进行大量的循环加载试验。Bai 等(2006)还提出了具有不同预压应变的单参数金属断裂模型,该模型假定当应力修正等效塑性应变达到临界值时发生断裂。随后 Bai 等人利用该模型对铝合金短柱在单调压缩加载下的延性断裂问题进行了研究,因为铝合金短柱的受压屈曲会导致材料局部承受循环加载。该模型需要对光滑缺口试件进行压缩和拉伸试验获得模型参数,因此阻碍了其在结构工程中的应用。此外,由于模型是通过对铝合金的测试标定的,相关模型在超低周疲劳加载下结构钢的断裂的预测精度仍需要进一步研究。

结构钢在超低周疲劳荷载作用下的断裂相关研究比较有限。Kanvinde 和 Deierlein(2007)提出了基于 Rice-Tracey 模型的半经验模型(又称 CVGM 模型),用于预测结构钢在超低周疲劳加载下的延性断裂问题,并将该模型应用于钝缺口试件和狗骨形钢试件的延性断裂预测(Kanvinde and Deierlein, 2008)。该 CVGM 模型的两个断裂参数的定义较为复杂,这些参数须从光滑缺口试件的单调和循环试验中获得,由于试验设备和结构构件几何等的限制,这对于结构工程师来说有时可能是困难甚至不可能的,如对于薄壁构件很难进行循环加载试验。同时,相关研究未给出塑性模型参数的具体标定方法。此外,在模型参数识别过程中没有对颈缩后的真实应力-真实应变数据进行修正。由于应力在最小横截面上分布不均匀,使光滑缺口试件的数值模拟过程中可能出现一定的偏差。

本章将单调加载下细观延性断裂模型(Jia and Kuwamura, 2014)扩展到循环加载下结构钢延性断裂的预测中,考虑负应力三轴度下的材料损伤规律,对上述单调延性断裂模型进行修正,在正应力三轴度情况下,循环延性断裂模型的损伤规律与单调加载下延性断裂模型的损伤规律一致(Jia and Kuwamura, 2015)。循环加载下延性断裂的预测比单调拉伸更为复杂。其难点主要涉及三个方面:

(1) 循环拉伸和压缩加载下的延性断裂模型;

(2) 评估材料应力-应变行为的循环塑性模型;

(3) 塑性模型和断裂模型相关参数标定的简易方法。

研究发现,当应力三轴度小于 $-1/3$ 时,钢材不会再发生断裂(Bao and Wierzbicki, 2005)。因此假定当应力三轴度小于 $-1/3$ 时,损伤指数不再累积增大,作者根据这个假定对之前所提单调延性断裂模型进行了改进。该循环延性断裂模型仅含有一个参数,采用不同加载历史下的循环单轴拉压试验研究其适用性。同样,相关模型参数可以通过简单的单调拉伸材性试验结果获取。

本章采用第 3 章中的沙漏形试件在不同加载历史下的循环试验验证所提循环断裂模型

的合理性。对材料的延性断裂进行数值模拟,采用验证的两种循环塑性模型,即 Chaboche 混合强化模型和改进的 Yoshida-Uemori 模型,模拟材料的循环塑性行为并将数值模拟结果与试验结果进行比较,验证循环延性断裂模型能够较好地模拟结构钢在循环加载历史下的延性断裂。

6.2 循环加载下的延性断裂模型

6.2.1 负应力三轴度下金属的损伤

在结构工程中,地震作用下结构构件的延性断裂可能发生在少量的加载圈后。超低周疲劳加载下结构钢的延性断裂与单调拉伸下的延性断裂有较大不同,因为循环荷载下材料的应力状态常涉及负应力三轴度,而单调拉伸情况下的应力三轴度一直为正,第 5 章试件的应力三轴度一直处于正应力三轴度区间。在不同的负应力三轴度试验条件下(Bridgman,1952),布里奇曼采用圆棒对不锈钢等各种钢进行了大量的拉伸试验,其中试件在不同静水围压下进行试验,以产生负应力三轴度。通过以上研究发现,随着附加静水压力的增大,金属材料断裂应变不断增大。French 和 Weinrich(1973,1975)对不同金属材料进行了一系列静水压拉伸断裂试验。一些学者还使用短圆柱体进行了不同金属的轴向压缩试验,以研究负应力三轴度下金属的延性断裂(Bao and Wierzbicki,2004;Thomason,1969)。Enami(2005)进行了两种不同压缩预应变下钢的拉伸试验,试验结果表明一种钢的延性在 30% 以下的压缩预应变下不会发生降低,另一种钢的延性在 10% 以下时不会降低。French 和 Weinrich 指出,当施加静水压力超过一定值时,铜的断裂应变接近无穷大。Bao 和 Wierzbicki 根据(Bao and Wierzbicki,2004;Bridgman,1952;Kudo and Aoi,1967)试验结果,得出了负应力三轴度存在一个阈值 $-1/3$,应力三轴度低于该阈值时材料不会发生断裂,即断裂应变无穷大。

6.2.2 基于单调加载延性断裂模型修正的循环延性断裂模型

假设当应力三轴度低于 $-1/3$ 时,不会产生损伤累积。式(4-7)中的延性裂缝萌生模型演化规律则可通过改进以适用于循环加载下的延性裂纹萌生预测(Jia et al.,2015)。

$$dD = \begin{cases} \dfrac{d\varepsilon_{eq}^{P}}{\chi \cdot e^{-\frac{3}{2}T}} & \left(T \geqslant -\dfrac{1}{3}\right) \\ 0 & \left(T < -\dfrac{1}{3}\right) \end{cases} \tag{6-1}$$

金属材料的延性断裂应变如图 6-1 所示,当 $T > -1/3$ 时,金属材料的断裂应变与基于 Rice-Tracey 空穴成长理论的延性断裂模型中的断裂应变相同,当 $T < -1/3$ 时,断裂应变

为无穷大。单调加载作用下的延性断裂模型可以通过上述简单的改进,从而适用于循环加载下金属材料的延性断裂预测。

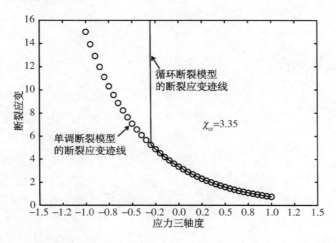

图 6-1　断裂模型的断裂应变-应力三轴度曲线($\chi=3.35$)

6.3　试验研究

　　沙漏形试件(KA01 和 KA02 除外)的循环试验在经历不同的循环加载历史后,均被拉断。利用上述试验结果对循环延性断裂模型的参数进行了标定。试件所有断面均为典型的"杯锥"形外观,如图 6-2、图 6-3 所示的韧窝型断面可通过扫描电子显微镜(SEM)观察到,韧窝型断面是延性断裂的典型断面形态。

图 6-2　试件 KA05 的宏观断面

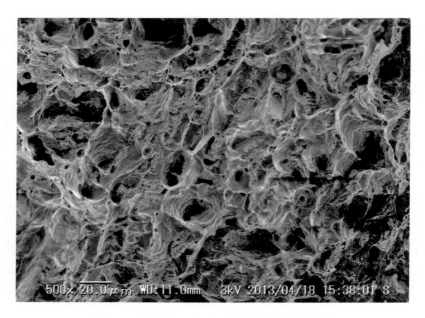

图 6-3 试件 KA05 的电子扫描显微镜观察结果

6.4 数值分析

6.4.1 有限元建模

利用 ABAQUS 中的显式模块对上述沙漏形试件在循环加载下的延性断裂进行了数值模拟。ABAQUS 中的显式模块是一个采用显式积分方案来解决高度非线性系统的有限元分析工具,例如与接触、动态和破坏事件有关的复杂问题。在此,本节利用显式模块对上述循环加载下的断裂试验进行了准静态分析,模拟了循环加载下结构钢的延性断裂。为每个模型分配足够长的分析步时间,以确保每个模型的动能相对于各自内能相对较小,从而确保各分析处于准静态状态。采用 CAX8 单元的轴对称半模型,建立了整体模型和局部模型(图6-4)。由于两个模型给出了几乎相同的荷载-位移曲线,因此采用了局部模型进行分析。

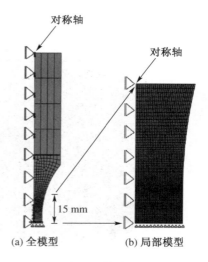

图 6-4 有限元模型的网格划分

6.4.2　塑性模型

试验分别采用两种金属循环塑性模型,即 Chaboche 混合强化模型和改进的 Yoshida-Uemori 模型,并结合所提出的循环延性断裂模型对上述循环加载下的断裂试验进行了模拟。仅利用单调拉伸材性试验结果,对金属循环塑性模型和循环延性断裂模型的所有模型参数进行了标定。利用修正加权平均法,首先得到了材料的真实应力-真实应变数据,并通过相应方法得到了金属循环塑性模型的参数。两个塑性模型和循环延性断裂模型标定得到的参数如表 6-1 所示。

表 6-1　　　　　金属循环塑性模型和循环延性断裂模型标定的模型参数

断裂模型		Chaboche 混合强化模型		修正的 Yoshida-Uemori 模型	
χ	3.35	σ_{y0}	255.9	σ_{y0}	255.9
		C_1	26.9	C	332.8
		C_2	26.9	B	321.7
		C_3	1 617.2	R_{sat}	137.7
		γ_1	0	b	82.9
		γ_2	0	m	18.1
		γ_3	10.7	h	0.5
		k	5.8	m_l	236.2
		Q_∞	227.8	$\varepsilon_{plateau}$	0.014 8

备注:σ_{y0},C_1,C_2,C_3,Q_∞,C,B,R_{sat},b,m_l 参数单位为 MPa。
χ,γ_1,γ_2,γ_3,k,m,$\varepsilon_{plateau}$ 为无量纲参数。

6.5　试验和数值分析结果的对比

试验对比结果如图 6-5 所示,由于断裂前试件过早发生屈曲,因此未显示 KA02 结果。两种循环塑性模型和循环延性断裂模型的数值模拟结果与相应的单调试验(KA01)和循环加载试验(KA03~KA07)的结果吻合较好。对于定幅加载下的试件 KA04,采用 Chaboche 混合强化模型和循环延性断裂模型的数值模拟,稍微高估了定幅循环的第 2 个循环后的应力,而整体上给出的断裂点几乎与采用改进的 Yoshida-Uemori 之模型的断裂点相同。上述应力高估的原因在于 Chaboche 混合强化模型中缺少记忆面,改进的 Yoshida-Uemori 模型在应变空间中有记忆面来记忆加载历史,可以模拟定幅加载下的非各向同性强化效应。

KA05 和 KA06 试验结果的对比表明,材料在接近断裂的应变范围内的损伤累积速率要比在小应变范围内(如颈缩前)的损伤累积速率大得多。利用两种金属循环塑性模型和所提出的循环延性断裂模型进行数值模拟,可以较好地评价试件 KA05 的断裂点,同时高估了

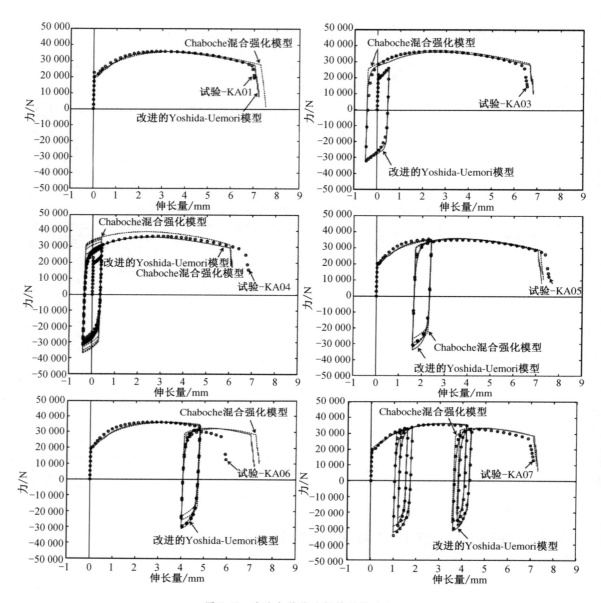

图 6-5　试验和数值分析结果的对比

试件 KA06 的延性。KA06 延性的过高估计可能是由于所提出的循环延性断裂模型低估了负应力三轴度下接近断裂应变的应变范围内的损伤累积。

6.6　小结

本章建立了一个模拟结构钢在循环加载下延性裂纹萌生问题的简单方法。提出了一种单参数的循环延性断裂模型。采用沙漏形试件对软钢进行了不同加载历史下的试验研究。

将两个金属循环塑性模型分别和所提出的循环延性断裂模型相结合,对循环加载下的延性断裂进行了数值模拟。可以得出以下结论:

(1) 提出了一种简单的循环延性断裂模型,将基于 Rice-Tracey 空穴成长理论的延性断裂模型与 Miner 线性准则以增量形式相结合,并假定存在一个无损伤的应力三轴度阈值,应力三轴度小于该阈值时金属不发生断裂。该循环延性断裂模型适用于结构钢在单调加载和本章采用的循环加载历史下的延性断裂预测。

(2) 采用两种金属循环塑性模型(即 Chaboche 混合强化模型和改进的 Yoshida-Uemori 模型)与断裂模型的组合进行数值模拟,所提出的循环延性断裂模型能够较好地模拟本章采用的循环加载历史下的延性断裂时刻。

(3) 在本章采用的定幅循环加载后拉断试验模拟中,Chaboche 混合强化模型会高估定幅加载下的应力,而预测的断裂点与改进的 Yoshida-Uemori 模型几乎相同。

参考文献

ABAQUS,2010. ABAQUS standard manual (Version 6.10)[Z]. Karlsson & Sorensen Inc., Hibbitt. Pawtucket (RI, USA).

Bai Y, Bao Y, Wierzbicki T, 2006. Fracture of prismatic aluminum tubes under reverse straining[J]. International Journal of Impact Engineering, 32(5):671-701.

Bao Y, Treitler R, 2004. Ductile crack formation on notched Al2024-T351 bars under compression-tension loading[J]. Materials Science and Engineering A, 384(1):385-394.

Bao Y, Wierzbicki T, 2004. A comparative study on various ductile crack formation criteria[J]. Journal of Engineering Materials and Technology, 126(3):314-324.

Bao Y, Wierzbicki T, 2005. On the cut-off value of negative triaxiality for fracture[J]. Engineering Fracture Mechanics, 72(7):1049-1069.

Bonora N, 1997. A nonlinear CDM model for ductile failure[J]. Engineering Fracture Mechanics, 58(1):11-28.

Bridgman P W, 1952. Studies in large plastic flow and fracture[M]. McGraw-Hill, New York.

Enami K, 2005. The effects of compressive and tensile prestrain on ductile fracture initiation in steels[J]. Engineering Fracture Mechanics, 72(7):1089-1105.

French I E, Weinrich P F, 1973. The effect of hydrostatic pressure on the tensile fracture of α-brass[J]. Acta Metallurgica, 21(11):1533-1537.

French I E, Weinrich P F,1975a. The effects of hydrostatic pressure on the mechanism of tensile fracture of aluminum[J]. Metallurgical Transactions A, 6(6):1165-1169.

French I E, Weinrich P F,1975b. The influence of hydrostatic pressure on the tensile deformation and fracture of copper[J]. Metallurgical Transactions A, 6(4):785-790.

French I E, Weinrich P F, Weaver C W, 1973. Tensile fracture of free machining brass as a function of hydrostatic pressure[J]. Acta Metallurgica, 21(8):1045-1049.

Kanvinde A, Deierlein G, 2007. Cyclic void growth model to assess ductile fracture initiation in structural steels due to ultra low cycle fatigue[J]. Journal of Engineering Mechanics, 133(6):701-712.

Kanvinde A, Deierlein G, 2008. Validation of cyclic void growth model for fracture initiation in blunt notch and dogbone steel specimens[J]. Journal of Structural Engineering, 134(9):1528-1537.

Kudo H, Aoi K, 1967. Effect of compression test conditions upon fracturing of medium carbon steel[J]. J. Japan Soc. Tech. Plasticity, 8:17-27.

Jia L-J, Kuwamura H, 2014. Ductile fracture simulation of structural steels under monotonic tension[J]. Journal of Structural Engineering, 140(5):04013115.

Jia L-J, Kuwamura H, 2015. Ductile fracture model for structural steel under cyclic large strain loading[J]. Journal of Constructional Steel Research, 106:110-121.

Kuwamura H, 1997. Transition between fatigue and ductile fracture in steel[J]. Journal of Structural Engineering, 123(7):864-870.

Ohata M, Toyoda M, 2004. Damage concept for evaluating ductile cracking of steel structure subjected to large-scale cyclic straining[J]. Science and Technology of Advanced Materials, 5(1-2):241-249.

Pirondi A, Bonora N, 2003. Modeling ductile damage under fully reversed cycling[J]. Computational Materials Science, 26:129-141.

Thomason P F, 1969. Tensile plastic instability and ductile fracture criteria in uniaxial compression tests [J]. International Journal of Mechanical Sciences, 11(2):187-198.

Toyoda M, 2000. Ductile fracture initiation behavior or pipe under a large scale of cyclic bending[C]. Proceedings of the third International Pipeline Technology Conference, Brugge, Belglum, Volume II:87-102.

Yasuda O, Hirono M, Terai M, et al., 2004. Application to ductile cracking evaluation for beam-to-column connection of steel pier: evaluation of ductile crack initiation for welded structures subjected to large scale cyclic loading (Report 2)[J]. Quarterly Journal of the Japan Welding Society, 22(3):467-476.

第 7 章　钢短柱屈曲后断裂的预测

7.1　概述

在强震下,局部或整体屈曲可能首先发生在一些关键的钢结构构件上,这些钢构件在循环加载下遭受了较大的塑性变形,如支撑和角柱,而延性断裂可能会在后续的大位移循环加载下发生,如 1994 年的北岭地震和 1995 年的神户地震报告中所观察到的破坏。本章旨在研究准静态循环加载下钢管短柱局部屈曲后的延性裂纹萌生评估。

本章对一系列钢短柱进行了设计和试验研究。试验主要涉及 3 个因素,即热处理、宽厚比和加载历史。从 3 根不同厚度的冷弯长柱中分别制备了 12 个热处理试件和 12 个非热处理试件,本章仅介绍热处理试件的试验和模拟结果。研究了 3 种宽厚比和 4 种不同加载历史下短柱的屈曲后断裂行为。同时也制作了材性试件,从短柱的 3 个不同位置(即角部、平板和焊缝处)加工而成,以获得整个柱截面的材料性能。利用金属循环塑性模型和循环延性断裂模型进行了数值模拟,研究了试件的失效机理。数值模拟可较好地预测试验的裂纹萌生,并对裂纹扩展过程进行了评价。

7.2　试验

7.2.1　试件

由于矩形钢管柱的宽厚比是影响局部屈曲的主要因素,此外地震波的类型多种多样,故本章主要研究柱宽厚比和加载历史这两个影响因素。在本章中,对 3 种不同宽厚比的冷弯薄壁短柱在 4 种不同的加载历史条件下进行了加载试验。

本章对如图 7-1 所示的柱在准静态加载下进行试验,其中柱由 STKR400 制成。试件实测的几何参数,如表 7-1 所示。所有试件的长度和宽度分别为 300 mm 和 100 mm,并使用全熔透焊缝将两个 30 mm 厚的圆形加载板焊接到立柱上,并在钢管内部放入垫板,以确保立柱和加载板之间的焊缝完全熔透。全熔透焊缝对防止焊缝过早失效具有重要意义。在将立柱焊接到加载板之前,移除了立柱中部突出的焊疤。柱的四个表面都有编号,其中有焊

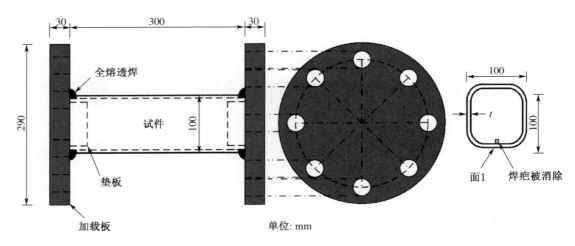

图 7-1 试件设计

缝的表面编号为表面"1"。

将冷弯方形钢管短柱先加热至870℃,并在此温度下保持 1 h,然后将其与加载板焊接在一起。由于成形工艺等原因,方钢管柱的材料性能可能沿横截面有所不同,因此从角部、平板和焊缝处分别制作了拉伸材性试件,以获得截面的平均力学性能。对于焊缝部分,在试件加工前,先移除了柱内部的焊疤。对于每种类型的材性试件,制作 3 个材性试件来研究材料偏差并获得平均材料性能,总共测试了如图 7-2 所示的 18 个试件。本章所述的热处理方钢管试件的所有材性试件均在钢管热处理后加工,不同部位材料的机械性能和化学成分如表 7-2 所示。由表可以发现,热处理后相同厚度钢管在不同位置处的平均材料性能相近。

表 7-1 试件的实测几何尺寸和机械性能

试件	t /mm	宽厚比	σ_{y_0} /(N·mm^{-2})	σ_{buckle}^{ini} /(N·mm^{-2})	σ_u^c /(N·mm^{-2})	加载历史
RH1-1			258.7	—	—	单调拉伸
RH1-2*	2.1	47.6	—	253.2	267.9	两圈后拉断*
RH1-3			260.0	203.1	203.1	增幅循环
RH1-4*			—	252.6	252.6	定幅循环*
RH2-1			270.7	—	—	单调拉伸
RH2-2	4.2	23.8	227.0	274.0	274.0	一圈后拉断
RH2-3			242.3	253.6	253.6	增幅循环
RH2-4			217.0	274.1	274.1	定幅循环

（续表）

试件	t/mm	宽厚比	σ_{y0} /(N·mm^{-2})	σ_{buckle}^{ini} /(N·mm^{-2})	σ_u^c /(N·mm^{-2})	加载历史
RH3-1			242.4	—	—	单调拉伸
RH3-2			225.5	304.4	304.4	一圈后拉断
RH3-3	8.4	11.9	209.8	295.1	362.1	增幅循环
RH3-4			243.6	305.1	362.9	定幅循环

备注：σ_{y0} 为平均初始拉伸屈服应力；

　　σ_{buckle}^{ini} 和 σ_u^c 分别表示平均初始屈曲应力和最大平均压应力。

* 为了设计合适的试验加载历史，在不同加载历史条件下对试件 RH1-2 和 RH1-4 进行了测试。试件 RH1-2 先加载两个循环，然后拉断，RH1-4 在等幅加载下，其初始半圈是压缩加载，而不是拉伸加载。

表 7-2　　　　　　　　　　　试件的力学性能和化学成分

材性试件	屈服应力 /(N·mm^{-2})	抗拉强度 /(N·mm^{-2})	伸长率 /%	化学成分（重量）/% （基于材料合格证）				
				C	Si	Mn	P	S
RH1P	258.1	354.9	34.5					
RH1C	271.0	354.4	35.5	0.07	0.01	0.56	0.014	0.005
RH1W	242.0	332.2	33.9*					
RH2P	233.2	378.5	37.2					
RH2C	244.6	383.6	40.6	0.06	0.01	0.55	0.015	0.003
RH2W	230.0	372.0	26.9					
RH3P	238.3	340.9	46.8					
RH3C	211.4	333.7	48.0	0.07	0.01	0.56	0.017	0.003
RH3W	205.1	321.1	35.3					

备注：试样名称中的最后一个字母表示试样的位置，"P"表示"平板"，"C"表示"角部"，"W"表示"焊缝"。

* 所有材性试件的标距长度为 50 mm，但试件 RH1W 的标距长度为 25 mm。

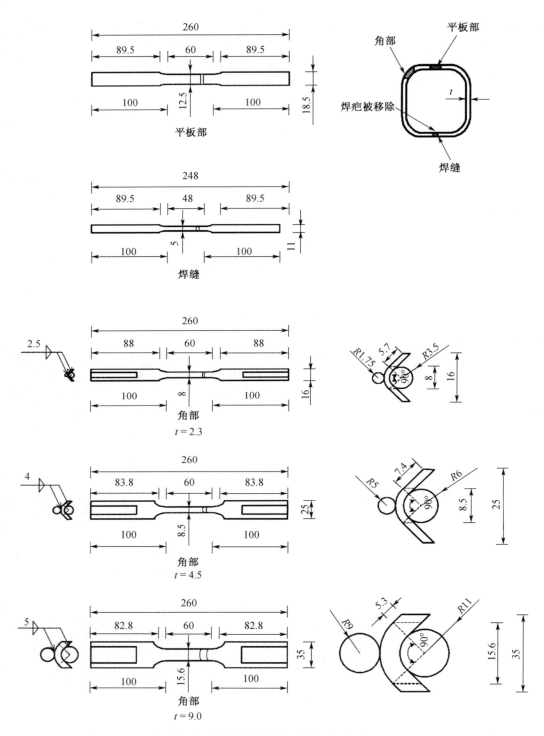

图 7-2　方形钢管短柱材性试件设计(单位:mm)

7.2.2　加载方案

试验采用最大拉伸能力为 2 000 kN，最大压缩能力为 5 000 kN 的万能试验机进行。用螺栓将试件固接到试验机上，试验装置如图 7-3 所示。为了便于观察局部屈曲模式和裂纹萌生位置，在柱的 4 个表面标记了白色网格，如图 7-4 所示。将两个最大量程为 100 mm 的激光位移计置于两个加载板之间，测量其相对位移，并利用测量的位移数据对试验进行加载控制。两块不锈钢薄板位于螺栓和上加载板之间，以反射激光。在柱的每侧放置一个照相机，记录裂纹萌生和扩展的时间点和位置。每 5～15 s 拍摄一张照片，并与相应的力-位移数据实现同步。

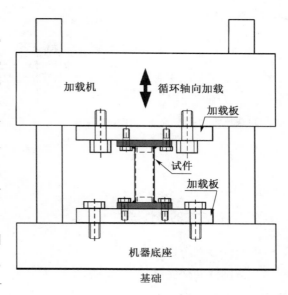

图 7-3　加载方案

图 7-4　试件的测试试验装置

7.2.3　加载历史

如图 7-5 所示，设计了 4 种不同的加载历史，即单调拉伸、单圈拉断、增幅循环和定幅循环加载，以模拟地震过程中结构承受的循环加载历史。前两种加载历史为了模拟近场地震，在近场地震中，结构的响应常存在一个大的位移脉冲。最后两种加载历史是为了模拟远场地震。

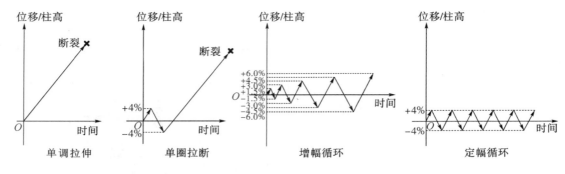

图 7-5　方钢管短柱的加载历史

7.2.4　方钢管柱的材性试件

热处理方钢管柱截面平板处、中间焊缝处以及角部处的材性试件分别如图 7-6、图 7-7 所示。单调拉伸材性试验加载装置如图 7-8 所示。在发生颈缩之前,沿着试件两个表面的垂直方向使用两个应变片测量应变数据。因为所采用的大塑性应变片的量程大约为 20%,接近颈缩发生时的应变。试验中还使用了一个标距为 50 mm 的引伸计来测量伸长率,并在颈缩后获得相应的变形数据。标距长度足够长,以确保在引伸计标距范围内发生颈缩,并且使用刀口夹持装置将引伸计固定在材性试件上。结果发现,所有试件的引伸计与试件之间均未发生滑动,直至试件断裂。然而,引伸计的测量范围有限,偶尔有试件的最大伸长量超过引伸计的测量能力。引伸计在颈缩发生前获得的数据与应变片的数据对比良好。

图 7-6　热处理方钢管柱截面平板处以及中间焊缝的材性试件

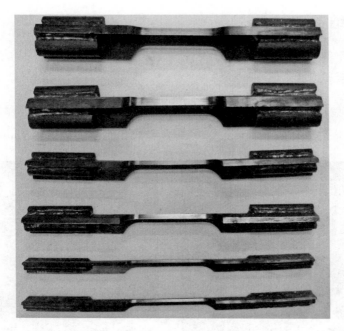

图 7-7　方钢管柱角部材性试件

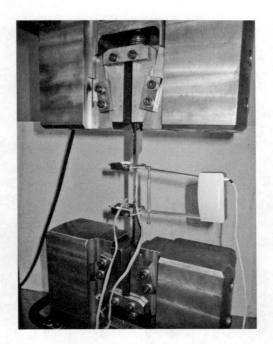

图 7-8　方钢管柱单调拉伸材性试验的加载方案

7.3 试验结果

7.3.1 屈曲和断裂模式

试验期间观察到如图 7-9(a)所示的屈曲模式。裂纹的萌生时刻是与裂纹的定义相关的。本书将裂纹萌生定义在 1 mm 左右,人眼和数码相机都能观察到 1 mm 尺寸的裂纹。

|(a) 屈曲模态|(b) 多裂纹断裂模式|

图 7-9　热处理方钢管短柱的屈曲和断裂模式(试件 RH3-4)

试验确定了两类典型的断裂模式,即单裂纹模式和多裂纹模式。单裂纹模式的特点是一条宏观裂纹贯穿整个截面,如图 7-10(b)所示。多裂纹模式,如图 7-9(b)所示,其特征是在外表面或内表面的拐角处有几条离散的裂纹。

|(a) X形剪切带|(b) 单裂纹模式|

图 7-10　热处理方钢管短柱的 X 形剪切带和单裂纹断裂模式(试件 RH1-1)

单裂纹模式只发生在单调拉伸和一次循环后拉断加载历史下的试件中。不同宽厚比试件的破坏过程存在一定差异。对于宽厚比为 47.6 的试件,在达到峰值荷载后,管壁首先变薄,随后在拉伸变形增加的情况下,由于平面应力状态,形成了一条 X 形的剪切带,最终随着拉伸位移的增加而最终形成了一条 V 形裂纹。在超高强度的圆钢管构件中也观察到了类似剪切带形成的现象(Jiao and Zhao,2001)。然而,对于中、小宽厚比的试件,随着壁厚增加,厚度方向的相对约束较强,没有形成 X 形剪切带。沿横截面宽度方向的裂纹几乎是水平的,而不是 V 形的。

在增幅和等幅循环加载下,试件常出现多裂纹模式。对于这种断裂模式,首先会出现与图 7-9(a)相似模式的局部屈曲,此时钢管角部处会出现应变集中。随后,在几个循环加载后,在试件的角部形成几条小的离散裂纹。然后在钢管凹面的拐角处以及凸面的拐角处出现几条宏观裂纹。最终,多条裂纹形成一条主裂纹,当主裂纹在整个横截面上快速扩展时,试验结束。

7.3.2　滞回特性

热处理试件的力-位移曲线如图 7-11 所示。由于试件的长细比很小,除了单调拉伸试件外,所有试件都发生了局部屈曲。表 7-1 给出了试件的平均初始拉伸屈服应力(σ_{y0})、平均初始局部屈曲应力($\sigma_{\text{buckle}}^{ini}$)和最大平均压缩应力(σ_u^c),其中 $\sigma_{\text{buckle}}^{ini}$ 的决定方法在某种程度上有些主观,因为局部屈曲发生的瞬间是通过照片的影像观察来确定的。在宽厚比为 47.6 的试件中,局部屈曲应力 $\sigma_{\text{buckle}}^{ini}$ 小于 σ_{y0} ,被归为弹性屈曲。在这种情况下,局部屈曲后受压承载力迅速减小,如试件 RH1-2 的力-位移曲线所示。在宽厚比为 23.8 的试件中,发生局部屈曲时,平均初始局部屈曲应力 $\sigma_{\text{buckle}}^{ini}$ 非常接近 σ_{y0} ,平均屈曲应力随着加载进程逐渐减小,如试件 RH2-2 的试验结果所示。在宽厚比为 11.9 的试件中, $\sigma_{\text{buckle}}^{ini}$ 大于 σ_{y0} ,局部屈曲后试件承载力仍然继续增大,如试件 RH3-3 的试验结果所示。虽然局部屈曲时受压承载力并没有在瞬间立即减小,但在随后的加载循环中受压承载力会缓慢减小,这可在试件 RH3-4 的力-位移曲线中观察到。

在力-位移曲线中标记了试件裂纹萌生的时刻,并在表 7-3 中列出。曲线表明,在裂纹萌生时,以及在增幅和等幅循环加载下试件的裂纹稳定扩展过程中,承载力不会发生突然下降。只有当裂纹发生快速扩展时,滞回曲线上的承载力才会发生突然下降。

表 7-3　　　　　　　　　　　　　　　　试件测试结果

试件	$d_{\text{crack},ini}$ /mm	裂纹萌生时刻	d_y /mm	d_u /mm	μ_d	$_hE_p$ 或 $_cE_p$ /kJ	$_hE_p/_hE_e$ 或 $_cE_p/_cE_e$	断裂模式
RH1-1	+92.45	—		92.45	243.29	24.5	645	单裂纹
RH1-2	+47.96	—		58.51	153.97	22.1	582	多裂纹
RH1-3	+3.23	$-12\sim+15$ mm	0.38	19.11	50.29	17.8	468	多裂纹
RH1-4	+9.20	5.69 圈		12.00	31.58	34.2	900	多裂纹

（续表）

试件	$d_{crack,ini}$ /mm	裂纹萌生时刻	d_y /mm	d_u /mm	μ_d	$_hE_p$ 或 $_cE_p$ /kJ	$_hE_p/_hE_e$ 或 $_cE_p/_cE_e$	断裂模式
RH2-1	+92.98	—		92.98	273.47	52.1	840	单裂纹
RH2-2	71.30	—		71.30	209.71	52.4	845	单裂纹
RH2-3	−1.57	−12～+15 mm	0.34	15.00	44.12	47.7	769	多裂纹
RH2—4	+4.80	2.1 圈		12.00	35.29	52.8	852	多裂纹
RH3-1	+94.55	—		94.55	270.14	85.7	726	单裂纹
RH3-2	+83.88	—		83.88	239.66	116.7	989	单裂纹
RH3-3	−3.80	−18～+21 mm	0.35	21.00	60.00	263.9	2236	多裂纹
RH3-4	+12.00	5.25 圈		12.00	34.29	271.2	2298	多裂纹

备注：$d_{crack,ini}$ 表示裂纹萌生时的位移；d_y 和 d_u 分别表示屈服力和极限抗拉强度对应的位移；
μ_d 是 d_u 与 d_y 之比，$_hE_p$ 是热处理极限抗拉强度前的总塑性耗能。$_hE_e$ 为热处理试件初始拉伸屈服前的能量。

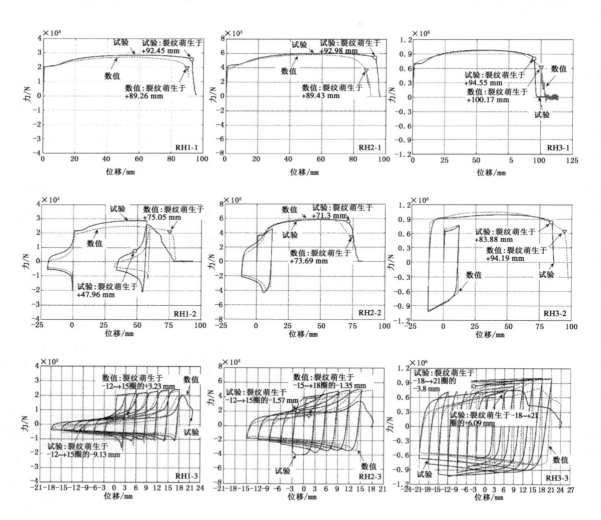

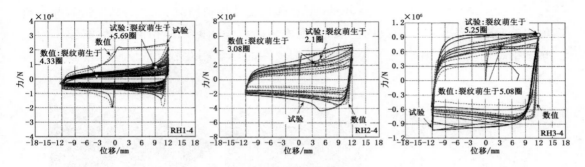

图 7-11　试验和有限元力-位移曲线对比

位移延性系数定义为拉伸极限强度对应的位移与相应屈服位移之比,也列在表 7-3 中。不同宽厚比试件(例如,试件 RH1-3、试件 RH2-3 和试件 RH3-3)对比结果表明中等宽厚比的试件延性系数 μ_d 最小。这表明,试件的宽厚比越小并不意味着位移延性系数越大。

7.4　数值模拟

在考虑几何对称性和减少计算时间的基础上,利用 ABAQUS (2010)建立了如图 7-12 所示的 1/4 三维实体有限元模型。选择 ABAQUS 显式模块进行模拟,因为该模块能有效地处理严重的非线性问题,如断裂、接触和动态碰撞等。分析的步长时间设置足够长,以确保分析是准静态的。与总内能相比,模型的动能可忽略不计。在所有的模拟中,采用了八节点减缩积分线性实体单元 C3D8R。对两个对称面施加了对称边界条件。为了模拟加载板对方钢管短柱的约束,上下表面的所有自由度都耦合到相应截面的中心(图 7-12 中的参考点)。边界条件直接施加于参考点上,其中底部参考点是固定的,而除轴向平动自由度以外的所有自由度都被约束了。在顶部参考点处应用了与试验相同的位移加载历史。对单调拉伸下的试件,采用理想模型进行模拟。试验结果表明,局部屈曲不一定会发生在试件的高度中间。为了模拟非对称屈曲模式,采用图7-12 所示高度方向的楔形截面使局部屈曲发生在试件底部,同时,对模型进行屈曲分析,并将与一阶屈曲模式相同的几何缺陷分布引入相应的有限元模型,以模拟局部屈曲,其中缺陷的最大尺寸设定为相应壁厚的十分之一。管壁厚度渐变减小,对应力状态影

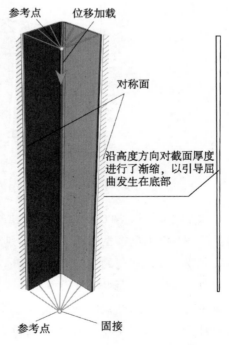

图 7-12　试件的 1/4 有限元模型

响较小。采用循环断裂模型和 Chaboche 混合强化塑性模型模拟了延性裂纹萌生,并采用简单的单元删除法模拟了裂纹的扩展,其规律与裂纹萌生的规律相同,即裂纹萌生的瞬间删除相应的单元。由于与极限强度相比,试件的自重相对较小,因此在模拟中没有考虑。

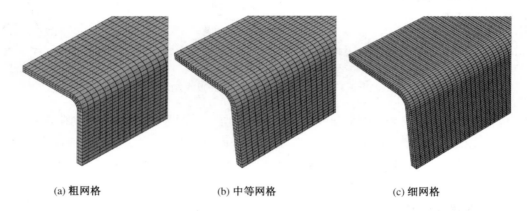

(a) 粗网格   (b) 中等网格   (c) 细网格

图 7-13   试件不同尺寸单元的网格划分(试件 RH2-3)

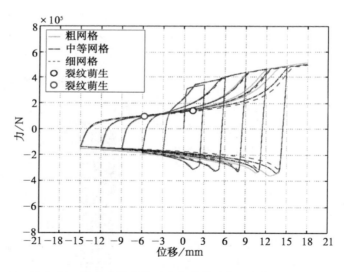

图 7-14   试件有限元模型的收敛性分析(试件 RH2-3)

通过建立不同单元尺寸的数值模型,如图 7-13 所示,研究了单元尺寸对模拟结果的影响。粗、中、细网格模型的单元总数分别为 6 840,11 520 和 21 600。图 7-14 比较了不同网格尺寸数值模拟获得的试件 RH2-3 的力-位移曲线。不同单元尺寸的数值模型给出了相似的力-位移曲线,而粗网格模型在反向加载循环中无法准确模拟试件的屈曲模式,因此无法捕捉裂纹萌生的准确位置,因此曲线中没有标记该位置。使用中、细网格的有限元模型预测的裂纹萌生时刻在同一个加载圈,具有细网格的模型比具有中等网格的模型预测的裂纹萌生发生更早。细网格模型的数值模拟需要大量的时间计算,约一周时间,而中等网格模型需要 2～3 d 的时间来模拟循环加载下的试件断裂。研究发现,当网格足够细,可以模拟试验的精确屈曲模式时,可以较好评估裂纹萌生时刻。因此,在考虑精度和效率的情况下,采用中等网格尺寸的数值模型对热处理试件进行了数值模拟。

采用第 6 章提出的循环延性断裂模型对试件进行了断裂模拟。为了便于理解所提出的循环延性断裂模型,图 7-15 以试件 RH2-4 的数值模拟结果为例,分别绘制了应力三轴度、损伤指数与等效塑性应变的相关曲线。应力三轴度在 $-0.8\sim0.6$ 之间,且断裂指数 D 在应力三轴度 $-1/3$ 以下时不增加。同样有趣的是,断裂指数 D 随等效塑性应变近似线性增加。

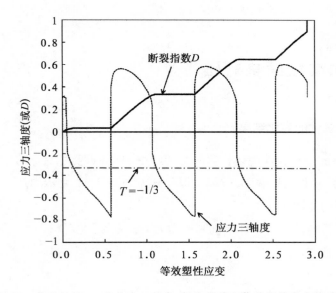

图 7-15　试件 RH2-4 的应力三轴度、损伤指数与等效塑性应变关系曲线

利用先前研究提出的方法(Jia and Kuwamura,2014a),可以从热处理柱的平板部的单调拉伸材性试件试验中标定断裂模型参数 χ_{cr},获得该值的步骤如下:

步骤 1:使用修正加权平均法从拉伸材性试件的试验结果中获得材料断裂前的真实应力-真实应变数据(Jia and Kuwamura,2014a);

步骤 2:使用步骤 1 中的真实应力-真实应变数据和延性断裂模型对材性试验进行延性断裂数值模拟,并找出 χ_{cr} 的最优值,以对拉伸材性试件拉断的瞬间进行最佳评估。

在热处理后,从方钢管柱的焊缝、平板部和角部处切下拉伸材性试件,以获得 χ_{cr} 的值。在整个横截面上发现相同厚度的热处理试件的材料性能几乎相同,故可利用平板材性试件的试验结果获得断裂参数的值,如表 7-4 所示。

对于金属循环塑性模型,采用了 Chaboche 混合强化模型,并根据文献(Jia and Kuwamura 2014b)提出的方法,使用单调拉伸材性试件试验标定参数。模型参数值如表 7-4 所示。

表 7-4   **Chaboche 混合强化塑性模型及循环延性断裂模型参数**

| 材料 | σ_{y0} | Chaboche 混合强化塑性模型 | | | | | | | | 断裂模型 |
		C_1	C_2	C_3	γ_1	γ_2	γ_3	k	Q_∞	χ_{cr}
RH1	258.1	46.0	50.9	643.1	0.0	0.0	8.0	1.5	298.7	3.2
RH2	233.2	100.5	582.6	562.9	0.0	11.0	11.3	1.3	341.2	3.5
RH3	238.3	59.7	26.2	657.3	0.0	0.0	7.6	0.8	365.0	3.5

备注：σ_{y0}，C_1，C_2，C_3，Q_∞ 参数的单位为 MPa。

γ_1，γ_2，γ_3，k 和 χ_{cr} 为无量纲参数。

7.5 试验和模拟结果对比

7.5.1 大宽厚比试件的对比结果

数值模拟能否捕捉到试件失效过程的主要特征,具有重要意义。对于单调荷载作用下宽厚比较大的试件,试验结果表明,破坏过程可分为如图 7-16 所示的几个过程：

(1) 整个截面的屈服；

(2) 达到极限拉伸强度后试件中间高度附近的柱壁开始变薄；

(3) 剪切带的形成；

(4) 裂纹萌生；

(5) 裂纹快速扩展和抗拉承载力突然丧失。

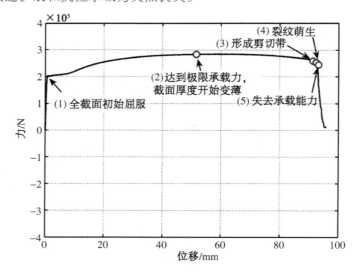

图 7-16   试件 RH1-1 的破坏过程

在单调拉伸条件下,试件的裂纹扩展速度非常快,无法精确获得裂纹萌生时的照片。数值结果可以很好地模拟剪切带的形成和裂纹的形态,如图 7-17 所示。

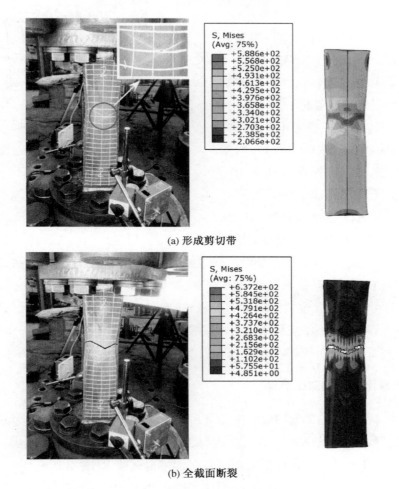

(a) 形成剪切带

(b) 全截面断裂

图 7-17　试件 RH1-1 破坏形态的对比(单位：MPa)

数值结果的力-位移曲线与试验结果吻合较好,试件 RH1-2 的数值模拟也能很好捕捉到与 RH1-1 相似的失效过程;有限元结果稍微高估了试件 RH1-2 的断裂位移,如图7-11所示。这种高估可能是由于当应力三轴度低于−1/3 时,循环延性断裂模型假定损伤不累积,这可能低估了负应力三轴度下大塑性应变范围内的损伤。当构件的宽厚比较大时,这种低估变得更加明显,这可能与该类型试件局部屈曲后严重的应变集中相关。

对于在增幅和等幅循环加载下大宽厚比的热处理试件,试验结果表明,破坏过程可分为 6 个步骤,如图 7-18 所示：

(1) 拉伸下整个截面的屈服;

(2) 初始受压屈曲;

(3) 经历几个大塑性加载循环后在变形集中区域形成一系列小裂纹;

（4）在循环加载下形成宏观裂纹；

（5）在循环拉伸和压缩下裂纹稳定扩展；

（6）裂纹快速扩展，导致试件突然失去抗拉承载力。

有限元模拟可以较好预测相应试验的屈曲模式和裂纹萌生位置，试件 RH1-3 的结果如图 7-19 所示。模拟还可以较好评估力-位移曲线和裂纹萌生时刻，如图 7-11 所示，但很难准确捕捉裂纹快速扩展的时刻。由于局部屈曲区两开裂面之间存在自接触问题，使得大塑性循环加载

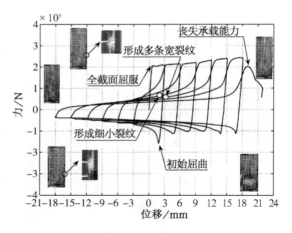

图 7-18　试件 RH1-3 的破坏过程

下钢构件屈曲后裂纹萌生和扩展模拟更加复杂。此外，所采用的单元删除方法不能精确捕捉到裂纹尖端的形状，这可能使得裂纹扩展的模拟有一定的局限性。该方法的有效性有待于进一步的数值和试验研究。更精确的方法，如扩展有限元（XFEM）方法（Belytschko，et al.，2009），可较好地描述裂纹尖端的外观，在未来的研究中可能具有一定的前景。然而，到目前为止，XFEM 方法应用于无初始裂纹的大塑性应变问题仍然存在一些局限性，如收敛性问题，并且该方法一般仅限于商用软件中的弹性问题或有预设裂纹的研究对象。

7.5.2　中宽厚比试件的对比结果

对具有中等宽厚比的单调加载试件，试验结果表明，破坏过程与宽厚比为 47.6 的试件相似，其主要区别在于裂纹萌生前没有形成剪切带。数值结果的力-位移曲线与试验结果吻合较好，如图 7-11 所示。数值模拟还可以较好地模拟试件 RH2-2 的破坏过程，其中裂纹沿着图 7-20 所示高度在板件弯曲的反弯点处萌生。试件 RH2-2 有限元结果的力-位移曲线与图 7-11 所示的试验结果对比较好。

7.5.3　小宽厚比试件的对比结果

对于单调拉伸下宽厚比较小的试件，裂纹萌生前也没有形成剪切带。数值结果与试件结果吻合较好，如图 7-11 所示。由于第一个循环的屈曲变形很小，所以试件 RH3-2 的试验结果与试件 RH3-1 的试验结果非常相似。数值结果较好地预测了所有小宽厚比试件的裂纹萌生。此外，对于小宽厚比试件，数值结果还较好地预测了拉伸承载力丧失的时刻。

对于中、小宽厚比试件，与大宽厚比试件相比，局部屈曲后的应变集中并不严重。利用所提出的循环延性断裂模型，可较好地预测裂纹的萌生时刻。结果表明，该模型能较好地预测材料在大部分应变范围内的损伤演化，而低估了材料在接近断裂应变的超大塑性应变范围内的负应力三轴度对应的损伤累积。

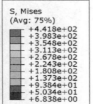

(a) 屈曲模态

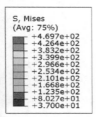

(b) 裂纹萌生

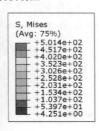

(c) 最终状态

图 7-19　试件 RH1-3 试验破坏过程与有限元结果对比(单位：MPa)

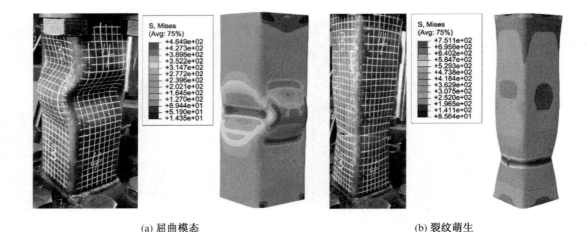

(a) 屈曲模态   (b) 裂纹萌生

图 7-20　试件 RH2-2 的屈曲模态与裂纹萌生(单位:MPa)

7.6　小结

本章对 12 根经热处理的方钢管短柱进行了试验研究,验证了以往研究中提出的金属循环塑性模型和循环延性断裂模型对实际复杂受力情况下的屈曲后断裂的适用性。本研究主要考察了两个主要影响因素:柱的宽厚比和加载历史。数值分析模拟了试件延性裂纹的萌生和扩展过程。主要结论如下:

(1) 试验中观察到了单裂纹和多裂纹两种断裂模式,其中单裂纹模式发生在单调拉伸和一周后拉断的加载历史下,而多裂纹模式通常发生在增幅和定幅循环加载下。

(2) 本章采用的金属循环塑性模型和循环延性断裂模型可以较好预测本章试验中延性裂纹的萌生和裂纹萌生前的荷载-位移关系。由于模拟中采用的单元删除方法的局限性,数值模拟难以准确再现多个细小裂纹的断裂模式。

(3) 对于本章的加载历史,所提的塑性模型和循环延性断裂模型对于裂纹扩展的模拟精度仍有进一步改善空间,特别是在增幅和定幅循环加载下的裂纹扩展。

(4) 大宽厚比试件在单调拉伸下的破坏过程与其他试件不同,由于薄壁内的平面应力状态,在裂纹萌生前会首先形成剪切带,最后发生 V 形裂纹。

参考文献

ABAQUS, 2010. ABAQUS standard manual (Version 6. 10)[Z]. Karlsson & Sorensen Inc. , Hibbitt. Pawtucket (RI, USA).

Belytschko T, Gracie R, Ventura G, 2009. A review of extended/generalized finite element methods for material modeling[J]. Modelling and Simulation in Materials Science and Engineering, 17(4):043001.

Jia L-J, Kuwamura H, 2014a. Ductile fracture simulation of structural steels under monotonic tension[J]. Journal of Structural Engineering, 140(5):04013115.

Jia L-J, Kuwamura H, 2014b. Prediction of cyclic behaviors of mild steel at large plastic strain using coupon test results[J]. Journal of Structural Engineering，140(2):04013056.

Jiao H，Zhao X-L，2001. Material ductility of very high strength（VHS）circular steel tubes in tension[J]. Thin-Walled Structures，39(11):887-906.

第8章 薄壁焊接钢框架梁柱
节点屈曲后断裂

8.1 概述

已有学者对焊接钢框架梁柱节点的节点域设计进行了大量研究(Krawinkler, 1978; Krawinkler, et al., 1975; Popov, et al., 1985)。节点区通常设计得足够强,避免在相邻梁传来的剪力作用下过早发生屈曲,即强节点弱构件设计理念,这种设计理念已被大多数国家接受,如美国和中国(ANSI/AISC341-10 2010, ANSI/AISC360-10 2010, GB 50011—2010 2010)。空间焊接钢框架节点域通常有竖向连接板,用于连接垂直方向的梁腹板。然而,现行设计规定并未考虑竖向连接板对节点域剪切稳定性的有利影响。Pan 等人研究了循环荷载作用下上述竖向连接板对十字形梁柱节点、节点域剪切屈曲的影响进行了试验研究。试验中设计了两种节点试件,将含竖向连接板的节点与无竖向连接板的节点性能进行了比较。本章主要研究了后一种情况,相关节点的破坏主要是由于节点域母材的屈曲后延性断裂所致。

延性断裂是金属结构中最重要的失效形式之一,其断面呈韧窝状。这种破坏模式更受结构工程师喜欢,因为在构件或结构破坏之前,由于较大的塑性变形,结构可吸收大量的能量。金属阻尼器如剪切板和屈曲约束支撑也主要由于延性断裂而失效,因此这些结构部件可以吸收强震时地面传给结构的地震能。到目前为止,由于缺乏方便、准确的延性断裂模型,特别是涉及循环大塑性应变,这些结构构件的抗震性能仍主要通过试验研究来评估。

一系列基于空穴成长理论(McClintock, 1968; Rice and Tracey, 1969)的延性断裂模型(Jia and Kuwamura, 2014; Kanvinde and Deierlein, 2006; Liao, et al., 2015; Panontin and Sheppard, 1995; Rousselier, 1987)被提出。塑性损伤模型,即 Gurson 模型(Gurson, 1977)以及其改进版本 GTN 模型(Tvergaard, 1981; Tvergaard and Needleman, 1984),也被广泛用于模拟金属构件和结构的延性开裂(Jia, et al., 2016; Liao, et al., 2015; Qian, et al., 2005)。然而,这些模型主要是为单调加载而开发的,它们对循环加载的适用性仍有待讨论。到目前为止,考察循环大塑性应变加载下金属结构的延性断裂(Jia, et al., 2016; Jia, et al., 2014; Jia and Kuwamura, 2015; Kanvinde and Deierlein, 2007; Kanvinde and

Deierlein，2008)相关研究比较有限,该问题涉及循环塑性、材料应力损伤退化和高度几何非线性等难题。

双参数循环延性断裂模型包括一个裂纹萌生准则和裂纹扩展准则。该裂纹萌生准则是在细观空穴成长理论和前人试验研究结果的基础上提出的一个半经验公式(Bao and Wierzbicki,2005),其中假定当应力三轴度小于$-1/3$的阈值时(Jia and Kuwamura, 2015),延性金属不会发生断裂。其中,循环延性断裂模型的裂纹扩展准则采用能量法,假定打开单位面积裂纹所需的能量为材料常数,并可使用标准 V 形缺口夏氏冲击试验标定相关参数(Jia, et al., 2016)。该循环断裂模型较好地模拟了 3 种结构钢在循环组合剪应力和正应力共同作用下的裂纹萌生和扩展。进一步通过两个足尺十字形焊接钢框架梁柱节点试验和数值模拟验证该模型的有效性。

通过对试件进行数值分析以及对数值模型、断裂模型和塑性模型参数的标定,根据数值计算结果解释了试件的破坏机理,考察试验中未研究的影响参数。主要研究了节点域等效宽厚比、柱子的轴压比和初始几何缺陷对节点抗震性能、裂纹萌生和扩展的影响。

8.2　循环大应变荷载下的双参数延性断裂模型

本章数值分析采用了第 6 章提出的循环延性断裂模型中的裂纹萌生准则和第 5 章的裂纹扩展准则。其中,定义的裂纹萌生损伤指数 D_{ini} 的定义如下:

$$dD_{ini} = \begin{cases} \dfrac{d\varepsilon_{eq}^{P}}{\chi_{cr} \cdot e^{-\frac{3}{2}T}} & T \geqslant -1/3 \\ 0 & T < -1/3 \end{cases} \tag{8-1}$$

式中　χ_{cr}——材料常数;

　　　　$d\varepsilon_{eq}^{P}$——等效塑性应变增量;

　　　　T——应力三轴度。

根据第 4 章给出的参数标定流程,对相应的拉伸材性试验进行数值模拟,得到 χ_{cr},其中需要对真实应力-真实应变数据进行颈缩后修正。假设当 D_{ini} 达到 1.0 时,材料发生细观延性裂纹萌生。在此,术语"细观裂纹萌生"表示 0.01~0.1 mm 内的细观裂纹,在试验过程中较难目视观察到。同时,宏观裂纹萌生是指裂纹长度大于 1 mm 时的瞬间,本研究称为"裂纹萌生"。

先前的研究也提出了基于能量平衡方法的裂纹扩展准则,裂纹扩展指数 D_{prop} 定义如下:

$$D_{prop} = \frac{G}{G_{c}} \tag{8-2}$$

式中　G——材料自细观裂纹萌生时刻至当前时刻单位面积吸收的能量;

G_c——打开单位面积裂纹所需要吸收能量的阈值。

假定 G_c 为一个材料常数,作者之前提出了一种采用准静态加载下单调拉伸材性试验结果标定 G_c 的简单方法。此外,也考虑了损伤带来的材料承载能力的退化,定义了损伤后材料的有效应力 σ_e 为

$$\sigma_e = (1 - D_{prop}) \cdot \sigma \tag{8-3}$$

损伤后材料的加载和卸载弹性模量 E_d 的定义如下:

$$E_d = (1 - D_{prop}) \cdot E \tag{8-4}$$

式中,E 是无损材料的初始弹性模量。

8.3 薄壁梁柱焊接节点试验研究

8.3.1 试件设计

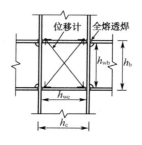

图 8-1 节点构造

如图 8-1 所示的两个试件材料采用的是低合金结构钢 Q345B。柱、梁均采用 H 型钢焊接而成。表 8-1 列出了其名义尺寸和实测尺寸。使用全熔透焊缝将梁焊接到柱上。为了获得材料力学性能,每种板厚设计了三个材性试件进行测试,各钢板实测材料性能平均值如表 8-2 所示。

表 8-1   试件几何和力学特性

试件		柱子	梁	节点域水平加劲肋	n	η
H1n3	设计值	H 270×175×6×8	H 270×125×5×6	254×60×6	0.3	—
	实测值	H 265×175×5.5×7.7	H 267×125×4.9×5.5	254×60×5.49	0.29	0.45
H2n3	设计值	H 300×175×5×8	H 300×125×5×6	284×60×6	0.3	—
	实测值	H 301×175×4.9×7.7	H 230×125×4.9×5.5	284×60×5.49	0.29	0.43

备注:n 为轴压比;η 为节点域塑性抗剪强度与梁塑性抗弯强度之比。

表 8-2   材料实测特性

设计值 t /mm	实测值 t /mm	f_y /(N·mm^{-2})	f_u /(N·mm^{-2})	伸长率 /%	位置
5	4.9	347	499	35.0	梁腹板;试件 H2n3 柱腹板
6	5.5	358	494	33.1	梁翼缘;节点域水平加劲肋;试件 H1n3 柱腹板
8	7.7	386	534	29.8	柱翼缘

在钢结构抗震设计规定中,为避免节点域过早发生剪切屈曲,提出了以下要求:

$$\begin{cases} t_{pz} \geqslant (h_{pz} + b_{pz})/90 \\ h_{pz} = h_{wb}, b_{pz} = h_{wc} \end{cases} \tag{8-5}$$

式中 h_{pz}, b_{pz} ——分别是节点域的高度和宽度;

h_{wb}, h_{wc} ——梁和柱腹板的高度。

根据式(8-5),定义了节点域的等效宽厚比 λ_{pz} 如下:

$$\lambda_{pz} = (h_{pz} + b_{pz})/t_{pz} \tag{8-6}$$

在本研究中,试件 H1n3 和 H2n3 的 λ_{pz} 值分别为 92 和 118。试件 H2n3 易发生过早的剪切屈曲。

在本研究中,两个试件设计了弱节点域使得塑性变形主要发生在节点域。试件 H1n3 和试件 H2n3 的节点域塑性抗剪强度与梁的全截面塑性抗弯强度之比 η 分别为 0.45 和 0.43。因此,塑性变形主要发生在节点域,梁端没有明显的塑性应变。为了研究柱轴压比 n 对节点域抗震性能的影响,将柱的名义轴压比 n 设计为 0.3,由于板厚制造负公差的影响,实际柱的轴压比为 0.29。

8.3.2 加载装置及加载制度

试验装置如图 8-2 所示,采用了 2 个作动器和 1 个千斤顶实现梁柱节点的准静态循

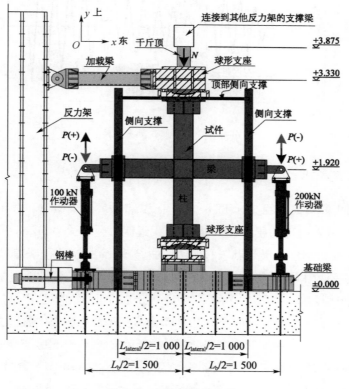

图 8-2 加载装置示意图

环加载。采用两端球形支座模拟框架柱中部铰接边界条件,两个梁端也分别与两个加载能力为100 kN/500 mm 和 200 kN/500 mm 的作动器铰接连接。在柱顶,通过一个加载能力为1 000 kN 的千斤顶施加柱的轴力。在距离相应梁端 500 mm 处也采用了横向支撑,防止梁发生侧向失稳。顶部球形支座与反力架之间采用支撑连接,该支撑与球形支座刚性连接,而与反力框架铰接连接。球形支座处设置面外支撑,用以约束柱顶的面外位移。

在试验过程中,首先在柱顶施加轴向压力,并在整个试验过程中保持设计轴压比恒定为 0.3。随后,在梁两端同时施加反对称荷载(−1∶1),在节点域产生高剪应力,直至破坏。因此,节点域受到恒定的压力和渐增的循环剪力组合作用。为了模拟强震下节点的大塑性变形历史,采用图 8-3 所示的加载历史。在节点域屈服前,通过荷载控制实现循环反对称加载,屈服后由梁端位移控制。在位移控制阶段,每个位移水平循环加载两次,并将相邻两个位移水平之间的位移增量设置为节点的屈服位移,本研究的屈服位移接近 10 mm。当裂纹贯穿节点域的板厚时,试验终止。本试验的极限状态是指相应的承载力与峰值荷载相比下降超过 15% 的时刻。

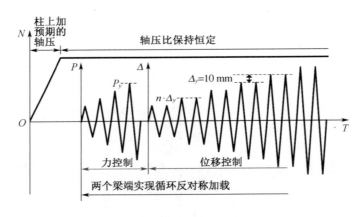

图 8-3 试件加载历史示意

8.3.3 屈曲和断裂模式

两个试件的失效模式如图 8-4、图 8-5 所示,二者破坏模式相似。循环大塑性应变加载下,由于节点板反复发生剪切屈曲,材料最终发生延性断裂。试件 H2n3 凹面的裂纹萌生和扩展过程如图 8-6 所示。由于节点域的剪切屈曲,分别形成拉伸和压缩对角线。由于节点域的宽度和高度设计相同,对角线与水平方向的角度接近 45°。延性断裂主要是由剪切屈曲下板件的弯曲变形引起的。如图 8-7 所示,裂纹从板的凹面开始萌生,逐渐扩展贯穿整个节点域板厚。此外,正如先前的研究人员所指出的,节点板曲率的急剧变化引起了柱和梁翼缘的局部弯曲,如图 8-4 所示。这种局部弯曲变形有时会导致梁翼缘-柱翼缘连接处的焊缝开裂。这也是过去研究中不建议采用弱节点域设计的原因之一。如图 8-4 所示,在焊趾处也观察到纤维状裂纹,且裂纹已有明显扩展,但对节点的荷载-位移曲线没有显著影响。

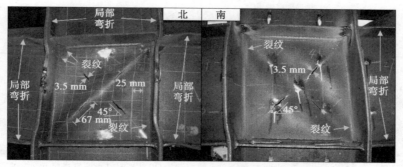

图 8-4　试件 H1n3 的破坏模式

（a）屈曲模态　　　　　　　　　　　（b）断裂模式

图 8-5　试件 H2n3 的屈曲模态和破坏模式

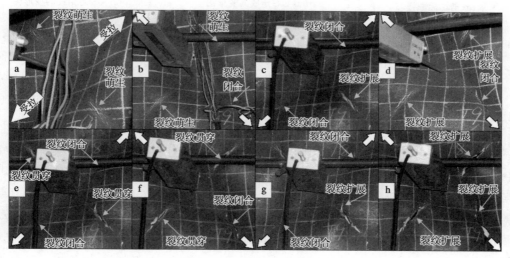

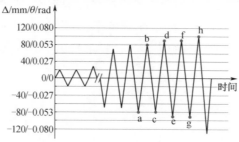

图 8-6　试件 H2n3 凹面的破坏过程

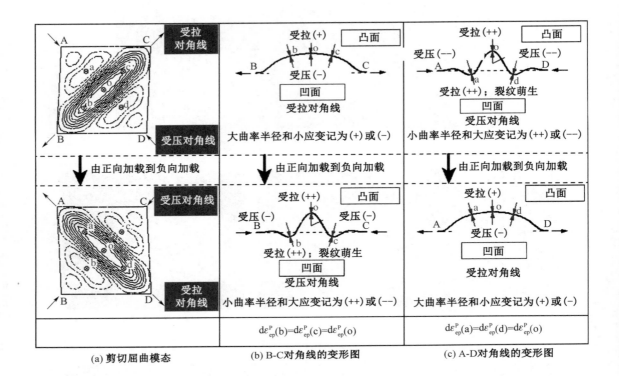

(a) 剪切屈曲模态	**(b) B-C对角线的变形图**	**(c) A-D对角线的变形图**

图 8-7 裂纹萌生点的分析

8.3.4 滞回性能

图 8-8 和图 8-9 分别给出了两个试件的弯矩-转角(M-θ)滞回曲线和相应骨架曲线的对比以及节点域剪力-剪切角(Q-γ)滞回曲线的对比。其中 M 为柱表面处梁的弯矩,θ 由梁长两端位移差计算得到,Q 为梁不平衡力矩在节点域产生的剪力,γ 由如图 8-1 所示节点域对角线处设置的位移计测量获得。两个试件的滞回曲线稳定、饱满,两个试件的节点转动能力均远大于 0.03 rad,表明弱节点域梁柱节点具有良好的耗能性能。此外,还观察到滞回曲线具有一定的捏拢效应,这主要是由于节点板的屈曲引起的。在图 8-8 的骨架曲线中也标出了节点域的剪切屈曲和裂纹萌生的时刻。由图可以发现剪切屈曲和延性裂纹的萌生都不会导致节点强度明显下降。节点域的延性裂纹扩展导致节点强度逐渐降低,但曲线中未观察到荷载的突然下降。

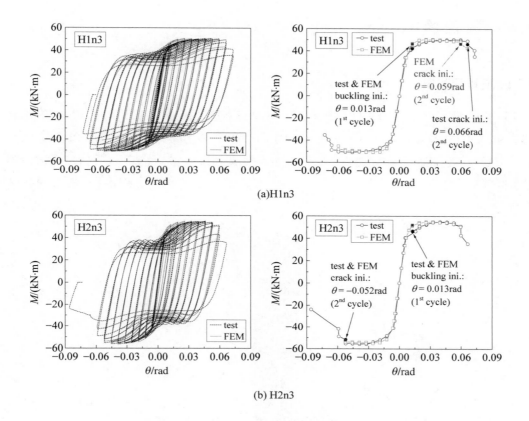

图 8-8　试验和数值模拟弯矩-转角曲线以及骨架曲线对比

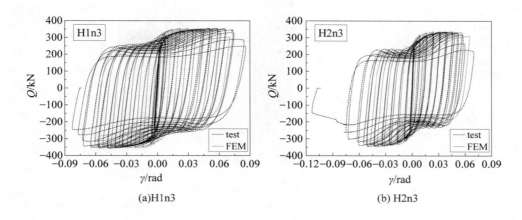

图 8-9　试验和数值模拟节点域剪力-剪切角滞回曲线对比

8.4 数值模拟

8.4.1 有限元建模

试验结果采用如图 8-10 所示三维壳单元模型在 ABAQUS 中的隐式分析模块 STANDARD 进行模拟。在静态分析中,采用了简化积分方案的壳单元 S4R,厚度方向采用了 5 个积分点。将柱端和梁端节点的自由度分别耦合到一个参考点上,并将接近试验的边界条件施加到参考点上。梁侧向支撑位置的截面也施加了约束,施加荷载的过程与试验相同。

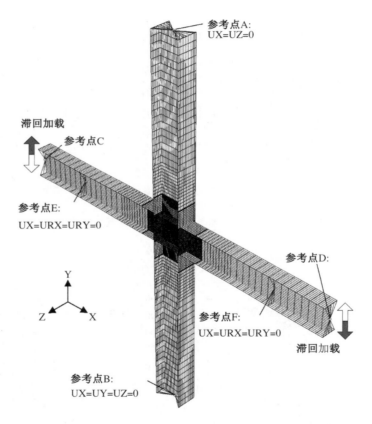

图 8-10 节点有限元模型

表 8-3 断裂模型和塑性 Chaboche 模型的参数

E /MPa	f_y /MPa	C_1 /MPa	γ_1	C_2 /MPa	γ_2	C_3 /MPa	γ_3	χ_{cr}	G_c /(J·mm^{-2})
206 000	实测值	31 864	522	4 424	82	1 030	0	2.2	0.155

采用上述双参数延性断裂模型,用 ABAQUS 中的单元删除法模拟了试件的延性断裂,当损伤指数 D_{prop} 达到 1 时,单元被删除。采用带有 3 个背应力的 Chaboche 模型模拟了结构钢 Q345B 的循环塑性特性,根据上述拉伸试件和以往的循环试件试验结果,模型参数如表 8-3 所示(Zhou, et al., 2015)。断裂参数是根据拉伸材性试件获得的,如表 8-3 所示。由于在试验过程中没有观察到焊缝明显的失效,因此未在数值模型中考虑焊缝的影响。本节研究了构件尺寸对数值结果弯矩-转角曲线的影响,进行了收敛性分析,采用如图 8-11 所示的 H1n3 试件节点区的三种网格划分方案。图 8-12 和表 8-4 给出了获得的弯矩-转角曲线和所需 CPU 时间等的对比结果。考虑到精度和效率,在随后的参数分析中最终采用了中等网格尺寸。对于本研究对象,网格尺寸对模拟结果影响较小。

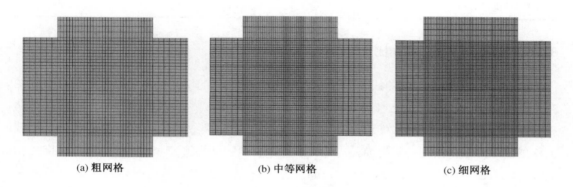

(a) 粗网格　　　　　　　　　(b) 中等网格　　　　　　　　　(c) 细网格

图 8-11　节点域不同网格大小

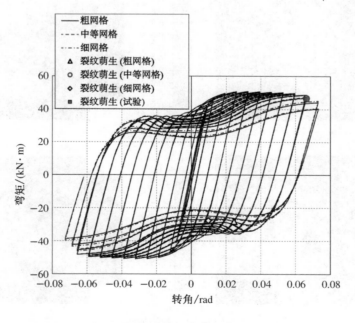

图 8-12　断裂模拟的单元尺寸效应

表 8-4   不同网格尺寸数值模型分析结果的对比

	试验	粗网格	中等网格	细网格
极限弯矩 /(kN·m)	50.86	50.87	50.75	51.01
裂纹萌生时刻的转角 θ/rad	+0.066 (第二圈)	−0.066 (第二圈)	+0.066 (第二圈)	−0.066 (第二圈)
M-θ 曲线上的累积耗能 /kJ	96.82	88.76	88.51	—
总单元数	—	8 908	10 884	14 704
总节点数	—	9 083	11 063	14 819
总 CPU[4CPU, 8G 内存]耗时 /min		109	159	252
[4CPU, 8G 内存]分析时间 /min	—	40	55	84

8.4.2 有限元与试验结果对比

两个试件的弯矩-转角曲线和节点域剪力-剪切角曲线的试验结果与模拟结果分别如图 8-8、图 8-9 所示,其中二者对比结果良好。试件 H1n3 预测的裂纹萌生时刻与实际裂纹萌生时刻吻合较好,试件 H2n3 预测的裂纹萌生时刻与实际裂纹萌生时刻的差别在一个加载位移幅值以内。将预测的开裂模式与图 8-13 中的试验结果进行了比较,其中开裂模式相似,试件 H1n3 的对比结果优于试件 H2n3。上述结果表明,在大塑性循环加载下,本章所采

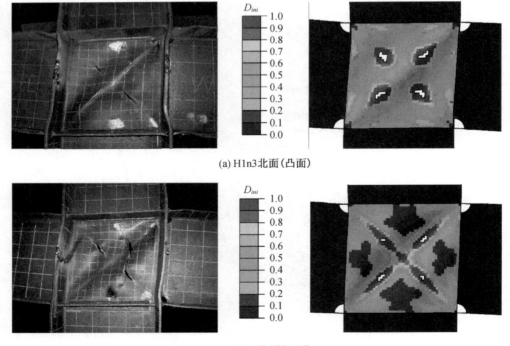

(a) H1n3北面(凸面)

(b) H2n3北面(凹面)

图 8-13   试验和数值结果破坏模式的对比

用的延性断裂模型具有良好的性能。如图 8-13(a)所示试件 H1n3 的损伤指数 D_{ini} 的分布云图表明损伤集中在节点域的对角线和四边上。试验结果也在节点板的四边焊缝处出现纤维状裂纹。根据分析结果,图 8-7 给出了裂纹萌生时刻节点域的变形形态。在曲率半径最小的点的受拉侧裂纹萌生并扩展,即在节点域的最大应变处发生断裂。图 8-14 给出了裂纹萌生前凸面和凹面损伤指数的分布云图,表明凹面损伤比凸面损伤更显著。损伤指数与等效塑性应变曲线、应力三轴度与等效塑性应变曲线分别如图 8-15、图 8-16 所示。根据所提出的延性断裂模型,当应力三轴度为正时,D_{ini} 几乎呈线性增长,当 $T < -1/3$ 时,没有损伤累积。发现两个试件的正应力三轴度和负应力三轴度峰值分别接近一个常数,分别约等于2/3 和-2/3。这解释了为什么在正应力三轴度范围内 D_{ini} 几乎呈线性增长。这一发现非常重要,因为它表明节点域的损伤可以通过拉伸半圈的等效塑性应变来评估,而无需考虑应力状态。图 8-15 还表明,在裂纹萌生前,试件 H1n3 与试件 H2n3 的等效塑性应变几乎相同,虽然二者的节点域等效宽厚比不同,这暗示节点域等效宽厚比对延性裂纹萌生的影响较小。

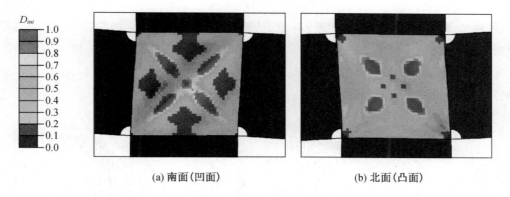

(a) 南面(凹面)　　　　　　　　　　(b) 北面(凸面)

图 8-14　试件 H1n3 裂纹萌生前的损伤因子分布

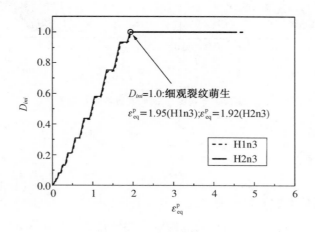

$D_{ini}=1.0$:细观裂纹萌生

$\varepsilon_{eq}^{p} = 1.95$(H1n3);$\varepsilon_{eq}^{p} = 1.92$(H2n3)

图 8-15　两个试件损伤因子的演化历史

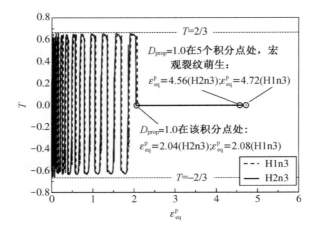

图 8-16　首个被删除单元的应力三轴度演化历史

8.4.3　嵌入延性断裂模型与否对数值分析结果的影响

　　通过考虑与未考虑延性断裂模型的数值模拟结果对比来评估裂纹模拟对两个试件弯矩-转角曲线的影响。图 8-17 给出了有延性断裂模型和无延性断裂模型的数值模拟对比结果，只有在考虑延性断裂模型的情况下，才能较好地模拟出承载力的退化。此外，在试验中观察到的开裂过程也可以通过延性断裂模型模拟较好再现。

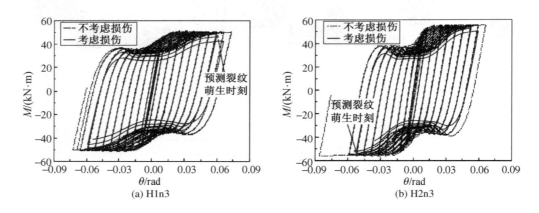

图 8-17　开裂对于试件滞回特性的影响

8.5　参数分析

　　在本节中，使用校准的壳单元模型进行参数分析，研究几何缺陷尺寸、轴压比和节点域等效宽厚比对梁柱节点屈曲后断裂行为的影响。边界和荷载条件同 8.3.4 节，如图 8-10 所示，加载方法如图 8-3 所示。同样，材料本构模型采用 Chaboche 模型和延性断裂模型，模型参数与上述两个试件相同。

8.5.1　初始几何缺陷的影响

对于薄壁节点域,初始几何缺陷可能会对节点的屈曲后延性断裂行为产生影响。假定了三种不同的缺陷尺寸,即 $0.01t_{pz}$,$0.1t_{pz}$ 和 $0.5t_{pz}$,对试件 H1n3 进行数值分析。$0.01t_{pz}$ 的尺寸是研究具有较小初始缺陷节点的抗震性能,$0.5t_{pz}$ 的尺寸是节点域初始缺陷的实测值。弯矩-转角曲线和相应骨架曲线的比较结果如图 8-18 所示。节点域初始缺陷尺寸对滞回性能和骨架曲线的形态影响较小,其对裂纹萌生的影响可忽略不计,裂纹萌生时刻的差异如图 8-18(b)所示,差异在一个加载位移增量以内。

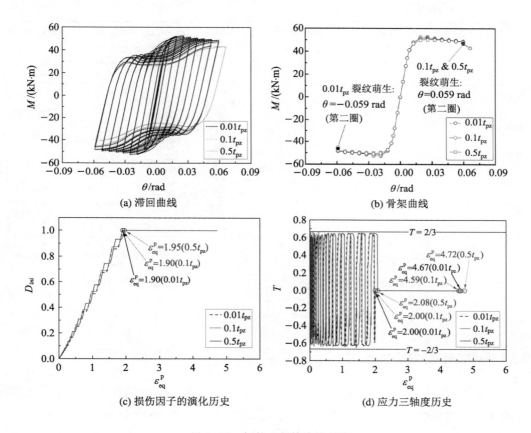

(a) 滞回曲线　　　　　　　　　　　(b) 骨架曲线

(c) 损伤因子的演化历史　　　　　　(d) 应力三轴度历史

图 8-18　初始几何缺陷的影响

8.5.2　轴压比的影响

在试验研究中,由于试件数量有限,未能对轴压比 n 的影响进行全面研究。本文对轴压比为 0.1,0.3 和 0.5 的试件 H1n3 进行了数值研究。弯矩-转角曲线和相应骨架曲线的比较结果如图 8-19 所示,对比结果表明 n 对节点强度有显著影响。当 $n=0.1$ 时,节点轴压比较小,直到大转角约 0.06 rad,节点承载力逐渐增大;当 $n=0.5$ 时,节点轴压比较大,承载力在约 0.025 rad 时达到峰值,然后逐渐减小。然而,对于 3 个不同 n 值的节点,裂纹在相同的位移幅值水平下开始萌生,这表明轴压比对裂纹萌生的影响较小。

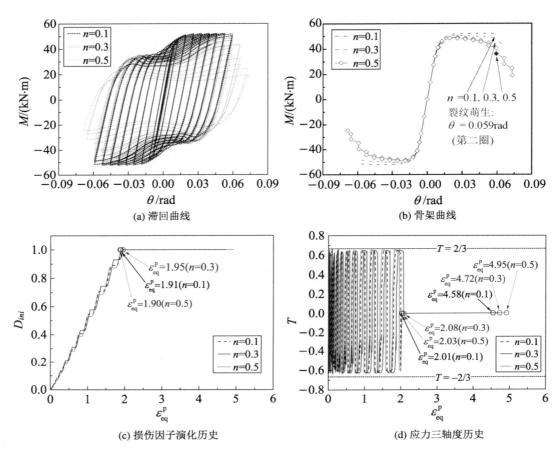

图 8-19　轴压比的影响

8.5.3　节点域等效宽厚比的影响

节点域等效宽厚比 λ_{pz} 对节点域的剪切稳定性能有较大影响,也被认为对试件的屈曲后延性断裂行为有影响。本节分析了 3 个不同 λ_{pz} 值的节点,即 75,90 和 105,这些节点可能会发生节点域的剪切失稳。所分析节点的几何拓扑与试件 H1n3 相同,只有节点域的板厚有所不同。无量纲化的弯矩-转角($\overline{M}$-θ)曲线与相应的骨架曲线对比结果如图 8-20 所示,其中采用节点域的全截面塑性弯矩值对弯矩 M 进行了无量纲化。如图 8-20 所示的曲线表明,在 0.06 rad 大转角范围内,节点承载能力几乎不受影响,但随着 λ_{pz} 值的增大,滞回曲线的捏拢效应略微明显,超过 0.06 rad 转角时,节点的承载能力随着 λ_{pz} 值的增大而迅速减小。与初始几何缺陷尺寸的影响类似,λ_{pz} 值对节点域裂纹萌生的影响也可忽略不计。如图 8-20(b)所示,随着节点域等效宽厚比的增加,宏观裂纹的萌生时刻略为提前。

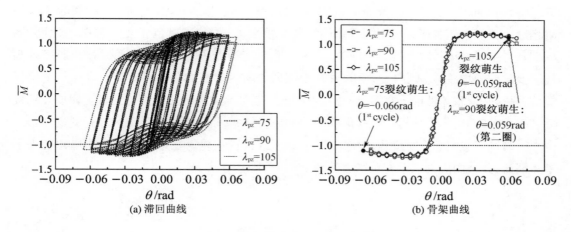

图 8-20 节点域等效宽厚比的影响

为了进一步研究节点域等效宽厚比 λ_{pz} 对裂纹萌生时刻影响较小的原因,对不同 λ_{pz} 模型在每个拉伸加载半圈最初被删除单元的局部应力-应变状态进行了研究。图 8-21(a)和(b)分别显示了不同 λ_{pz} 试件在每个拉伸半圈内等效塑性应变增量 $d\varepsilon^p_{eq}$ 和最大应力三轴度

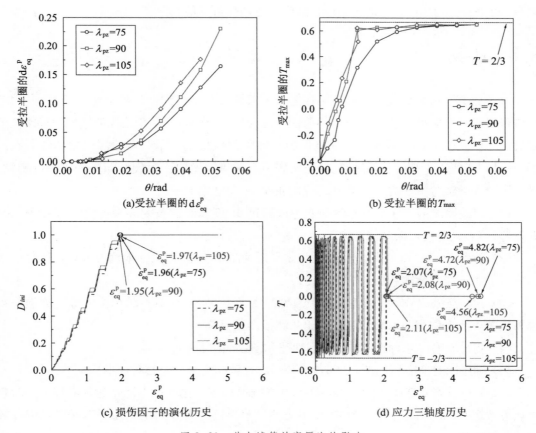

图 8-21 节点域等效宽厚比的影响

$T_{\max}$ 与转角的相关关系。结果表明,随着 λ_{pz} 的增大,$d\varepsilon_{eq}^{P}$ 也随之增大,而 3 个模型的 $T_{\max}$ 历史相似。根据本研究所采用的断裂模型,具有较大 λ_{pz} 的节点倾向于更早破裂。然而,图 8-21(c) 和(d)表明,对于具有不同 λ_{pz} 的 3 个节点,直至细观裂纹和宏观裂纹萌生时等效塑性应变的差异均在 6% 以内。3 个试件在宏观裂纹萌生前的加载循环次数差异在一个位移幅值增量内,从整体性能上来看,影响并不明显。各加载半圈的正负应力三轴度峰值分别接近 2/3 和 -2/3。为了分析最先被删除单元的应力状态,研究了被删除单元处材料的 3 个主应力。薄壁节点域处于平面应力状态,其中第一或第三主应力在最新被删除的单元处等于零。因此,此处的应力三轴度可以表示为

$$T = \frac{\dfrac{\sigma_1 + \sigma_2 + \sigma_3}{3}}{\sqrt{\dfrac{(\sigma_1-\sigma_2)^2 + (\sigma_1-\sigma_3)^2 + (\sigma_2-\sigma_3)^2}{2}}} = \begin{cases} +\sqrt{\dfrac{2}{9} \times \dfrac{(\sigma_1-\sigma_2)^2 + 4\sigma_1\sigma_2}{2(\sigma_1-\sigma_2)^2 + 2\sigma_1\sigma_2}} \\ -\sqrt{\dfrac{2}{9} \times \dfrac{(\sigma_2-\sigma_3)^2 + 4\sigma_2\sigma_3}{2(\sigma_2-\sigma_3)^2 + 2\sigma_2\sigma_3}} \end{cases} \quad (8-7)$$

式中,σ_1,σ_2 和 σ_3 是 3 个主应力。式(8-7)的表达式显示当 $\sigma_1 = \sigma_2$ 时,T 达到其最大值 2/3;当 $\sigma_2 = \sigma_3$ 时,T 达到其最小值为 -2/3。通过数学推导可知,当 $\sigma_2 = 0.563\sigma_1$ 时,$T = 0.6$。这意味着,首先被删除单元的 T 可很容易达到最大值和最小值。这也解释了为什么在本研究分析的所有模型中,T 总是趋向于收敛到上述两个常量值。

8.6 小结

本章研究了薄壁焊接钢梁柱节点在循环大塑性加载下的屈曲后延性断裂行为,其中节点域母材的延性断裂主要是由严重的剪切屈曲变形引起的。对两个足尺薄壁钢焊接梁柱节点进行了试验研究。采用基于细观机理的延性断裂模型模拟了节点的屈曲后延性断裂过程,并进一步研究了初始几何缺陷、轴压比和节点域等效宽厚比对裂纹萌生和扩展的影响。通过试验和数值分析研究了节点域的剪切屈曲,主要结论如下:

(1) 薄壁焊接钢梁柱节点的转动能力远超过 0.03 rad,这表明如果能够合理处理相邻的焊缝,节点具有良好的耗能能力。

(2) 采用 Chaboche 循环塑性模型和循环延性断裂模型,能较好地模拟节点在循环大塑性应变加载下滞回性能和裂纹萌生行为。

(3) 弱节点域的破坏主要集中在节点域的 X 形拉力带上,节点域周围的焊趾处损伤也较为集中。节点域屈曲后的凹侧损伤比凸侧损伤更显著。

(4) 初始缺陷尺寸对节点域的滞回性能和裂纹萌生有轻微影响。

(5) 轴压比对节点域的滞回性能影响较大,对裂纹萌生行为影响较小。

(6) 节点域等效宽厚比对节点在转角 0.06 rad 以下范围内的滞回特性影响较小。随着节点等效宽厚比的增加,承载能力降低得更快。节点区的裂纹萌生也几乎不受节点域等效宽厚比的影响。

（7）薄壁节点域的平面应力状态导致在循环加载下节点的最大应力和最小应力三轴度分别接近 2/3 和－2/3。

参考文献

ABAQUS，2010. ABAQUS standard manual（Version 6. 10），Karlsson & Sorensen Inc.，Hibbitt. Pawtucket（RI，USA）.

ANSI/AISC341-10，2010. Seismic provisions for structural steel buildings[S]. American Institute of Steel Construction，Chicago，Illinois.

ANSI/AISC360-10，2010. Specification for structural steel buildings[S]. American Institute of Steel Construction，Chicago，Illinois.

Bao Y，Wierzbicki T，2005. On the cut-off value of negative triaxiality for fracture[J]. Engineering Fracture Mechanics,72(7):1049-1069.

GB50011-2010，2010. Code for seismic design of buildings[S]. Architecture & Building Press，Beijing，China.

Gurson A L，1977. Continuum theory of ductile rupture by void nucleation and growth. Part I. Yield criteria and flow rules for porous ductile media[J]. Journal of Engineering Materials and Technology,99：2-15.

Jia L-J，Ge H B，Shinohara K，et al.，2016a. Experimental and numerical study on ductile fracture of structural steels under combined shear and tension[J]. Journal of Bridge Engineering,21(5):04016008.

Jia L-J，Ikai T，Shinohara K，et al.，2016b. Ductile crack initiation and propagation of structural steels under cyclic combined shear and normal stress loading[J]. Construction & Building Materials,112：69-83.

Jia L-J，Koyama T，Kuwamura H，2014. Experimental and numerical study of postbuckling ductile fracture of heat-treated SHS stub columns[J]. Journal of Structural Engineering,140(7):04014044.

Jia L-J，Kuwamura H，2015. Ductile fracture model for structural steel under cyclic large strain loading[J]. Journal of Constructional Steel Research,106:110-121.

Jia L-J，Kuwamura H，2014. Ductile fracture simulation of structural steels under monotonic tension[J]. Journal of Structural Engineering,140(5):04013115.

Kanvinde A，Deierlein G，2007. Cyclic void growth model to assess ductile fracture initiation in structural steels due to ultra low cycle fatigue[J]. Journal of Engineering Mechanics,133(6):701-712.

Kanvinde A，Deierlein G，2008. Validation of cyclic void growth model for fracture initiation in blunt notch and dogbone steel specimens[J]. Journal of Structural Engineering,134(9):1528-1537.

Kanvinde A，Deierlein G，2006. The void growth model and the stress modified critical strain model to predict ductile fracture in structural steels[J]. Journal of Structural Engineering,132(12):1907-1918.

Krawinkler H，1978. Shear in beam-column joints in seismic design of steel frames[J]. Engineering Journal,15(3):82-91.

Krawinkler H，Bertero V V，Popov E P，1975. Shear behavior of steel frame joints[J]. ASCE J Struct Div,101(11):2317-2336.

Liao F, Wang W, Chen Y, 2015. Ductile fracture prediction for welded steel connections under monotonic loading based on micromechanical fracture criteria[J]. Engineering Structures,94:16-28.

McClintock F A, 1968. A criterion for ductile fracture by the growth of holes[J]. Journal of Applied Mechanics,35(2):363-371.

Pan L, Chen Y, Chuan G, et al. , 2016. Experimental evaluation of the effect of vertical connecting plates on panel zone shear stability[J]. Thin-Walled Structures,99:119-131.

Panontin T L, Sheppard S D, 1995. The relationship between constraint and ductile fracture initiation as defined by micromechanical analyses[C]. ASTM STP 1256, ASTM, West Conshohoken, PA, 54-85.

Popov E P, Amin N R, Louie J J C, et al. , 1985. Cyclic behavior of large beam-column assemblies[J]. Earthquake Spectra,1(2):203-238.

Qian X, Choo Y, Liew J, et al. , 2005. Simulation of ductile fracture of circular hollow section joints using the Gurson model[J]. Journal of Structural Engineering,131(5):768-780.

Rice J R, Tracey D M, 1969. On the ductile enlargement of voids in triaxial stress fields[J]. Journal of the Mechanics and Physics of Solids,17(3):201-217.

Rousselier G, 1987. Ductile fracture models and their potential in local approach of fracture[J]. Nuclear Engineering and Design,105(1):97-111.

Tvergaard V, 1981. Influence of voids on shear band instabilities under plane strain conditions[J]. International Journal of Fracture,17(4):389-407.

Tvergaard V, Needleman A, 1984. Analysis of the cup-cone fracture in a round tensile bar[J]. Acta Metallurgica,32(1):157-169.

Zhou F, Chen Y, Wu Q, 2015. Dependence of the cyclic response of structural steel on loading history under large inelastic strains[J]. Journal of Constructional Steel Research,104:64-73.

第9章 铝合金在全应变域内的循环塑性模型

9.1 概述

与钢相比,铝合金具有很高的耐腐蚀性能,因此维护费用较低,适用于海上桥梁等恶劣环境中的结构,铝合金结构在桥梁工程中有许多应用(Dey, et al., 2016)。铝合金也有相对较高的强质比,导致铝合金结构重量轻,结构的基础也因为上部结构更轻而可以更经济。此外,铝结构自重轻,运输成本低,对起重设备的能力要求低。如图9-1所示,这种良好的性能也使结构铝在大跨度屋盖结构中具有竞争力。

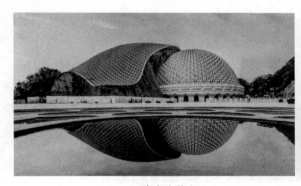 

(a) 南京牛首山　　　　　　　　　　(b) 上海植物园

图 9-1　结构工程中铝合金结构的应用

已有学者对铝合金构件和节点进行了大量的试验和数值研究(Dørum, et al., 2010; De Matteis, et al., 2008; De Matteis, et al., 2000; Khadyko, et al., 2015; Matteis, et al., 2001; Mazzolani, et al., 2011; Moen, et al., 1999; Saleem, et al., 2012; Su, et al., 2015; Su, et al., 2016)。然而,对结构铝的循环塑性行为的研究仍较有限(Yin, et al., 2004),尤其是在大塑性应变范围内的变幅循环加载下(Liu, et al., 2017; Rosien and Ostertag, 2009)。在地震风险较高的地区,由于铝合金的延性远低于结构钢(Jia and Kuwamura,2014a),结构铝更易发生循环塑性下的破坏,因此研究结构铝在大塑性应变循

环加载下的行为,特别是对铝合金结构而言具有重要意义。结构铝的伸长率约为 12%,而软钢的伸长率一般大于 25%。这意味着铝合金结构在地震荷载作用下更易发生断裂。一些研究人员也提出了铝合金阻尼器(Brando, et al., 2013),其中,对相关阻尼器滞回性能的评估与大塑性应变循环加载下的金属塑性行为密切相关。

金属结构的循环塑性已被广泛研究(Chang and Lee, 1986;Hu, et al., 2016;Shen, et al., 1995;Ucak and Tsopelas, 2012;Wang, et al., 2016)。然而,其中大部分研究集中在小应变范围内的循环塑性,例如 5% 以内(Ucak and Tsopelas, 2011)。在强震下,结构构件的塑性应变可达到材料的断裂应变,比如结构钢和铝合金的断裂应变分别可能会超过100% 和 40%,特别是在单调或大塑性循环加载下的延性断裂和超低周疲劳问题(Ge and Kang, 2014;Jia,et al.,2016;Jia and Kuwamura,2015;Kang, et al., 2015;Liao, et al., 2015;Tabatabai, 2010)。

在之前的一项研究中,作者提出了仅使用单调拉伸材性试验结果评估软钢滞回性能的方法。这种方法在实践中有局限性,因为结构工程师通常只能获得非常有限的材料性能信息。在这种情况下,必须以有限的已知力学性能标定塑性模型相关参数。本章旨在提出一种用最少物理变量(如材料的屈服强度和抗拉强度)来标定塑性模型参数的简单方法。本研究采用多参数 Armstrong-Frederick(A-F)模型(Frederick and Armstrong, 2007),通常也被称为 Chaboche 模型,首先简要介绍了 Chaboche 模型及相应的标定方法。然后,通过对铝合金材料在不同变幅循环加载下直至断裂的循环特性进行试验研究。对新方法得到的标定参数进行相应的数值模拟。通过试验结果与数值结果的对比,验证了该方法在材料层面上的有效性。通过对铝合金屈曲约束支撑的试验和数值计算结果的比较,进一步验证了该方法在构件层面上的有效性。上述试验和数值结果表明,新提出的方法和相应的标定模型参数可以较好地评价结构铝在全应变域内的滞回性能。由于所提新方法简单、准确,该方法在各种工程领域的金属结构循环塑性评价中具有较大的应用潜力。标定后的塑性模型参数也可用于铝合金结构在循环变幅加载下的抗震性能评价。

9.2 利用最少物理变量标定塑性模型参数的方法

在之前的研究中(Jia and Kuwamura,2014b),作者发现循环塑性模型的参数,如 Chaboche 混合强化模型,可仅使用材料单调拉伸试验结果进行标定,这也得益于文献中疲劳试验的观察结果(Kuhlmann-Wilsdorf and Laird, 1979)。因此,金属的循环塑性可以与相应的单调材性试验结果直接相关。在结构钢循环塑性研究中,在单调拉伸材性试验中,随动强化和各向同性强化分量几乎各占强化应力的一半。

对于单轴应力状态,Chaboche 混合强化模型中背应力可表示为

$$\alpha = \begin{cases} \dfrac{C_0}{\gamma}\left[1 - e^{(-\gamma \varepsilon_p)}\right] & \gamma \neq 0 \\ C_0 \varepsilon_p & \gamma = 0 \end{cases} \tag{9-1}$$

式(9-1)表明,当 γ 不等于零时,随动强化分量,即背应力的极限值为 C_0 / γ。

对于单轴应力状态,各向同性强化分量可表示为

$$R = Q_\infty \left[1 - e^{(-k \cdot \varepsilon_{eq})} \right] \tag{9-2}$$

同样的,各向同性强化分量的极限值为 Q_∞。对于 Chaboche 混合强化模型,必须确定初始屈服应力 σ_{y0},随动强化相关参数,即 C_i 和 γ_i,以及各向同性强化相关参数,即 Q_∞ 和 k。

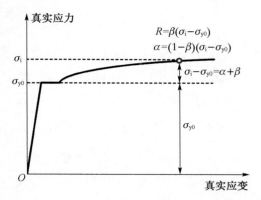

图 9-2　各向同性强化和随动强化在单调拉伸材性试验结果中的占比

根据以下公式,总强化应力 $R + \alpha$ 可以很容易计算得到:

$$\sigma_i = \sigma_{y0} + R + \alpha \tag{9-3}$$

式中,σ_i 是从单调拉伸材性试验中获得的真实应力。假设各向同性强化分量在总强化应力中的比例等于 β,则 R 和 α 可按图 9-2 所示的方法得到:

$$R = \beta(\sigma_i - \sigma_{y0}) \tag{9-4}$$

$$\alpha = (1 - \beta)(\sigma_i - \sigma_{y0}) \tag{9-5}$$

在比较单调和循环试验结果的基础上,可得到 β 值,该参数可作为相同牌号金属材料的材料常数。一旦确定了 β,就可以根据式(9-4)获得 R 与真实应变数据的对应关系,从而拟合得到 Q_∞ 和 k。同样,也可根据式(9-5)获得 α 与真实应变数据的对应关系,且可简单通过回归分析获得 C_i 和 γ_i。

对于 Chaboche 混合强化模型,必须确定以下模型参数: C_1,γ_1,C_2,Q_∞ 和 k。根据式(9-4)、式(9-5),一旦确定了 β 的值,通过回归分析可以确定各向同性和随动强化相关参数。本章中,结构铝的随动强化分量采用了两个背应力。采用两个背应力的主要原因是其简单易行,可将塑性模型的参数与材料屈服应力、颈缩起始应变和抗拉强度等力学性能联系起来。对于随动强化分量,采用一个指数函数形式的背应力,另一个采用线性函数,即 γ_2 为零。参数 C_2 与随动强化分量线性部分的硬化率相关,通常用于描述在大塑性应变范围内的硬化行为。在这些应变范围内,硬化速率可假定为线性关系。

为保证结构构件的极限强度评价准确,在标定过程中,材料在循环塑性模型中的抗拉强度应与单调拉伸材性试验结果一致。通常,材料的抗拉强度对应于颈缩起始的时刻。因此,拉伸材性试件颈缩起始时刻的随动强化和各向同性强化应力之和应等于材料颈缩起始时刻的强化应力。可得到以下方程:

$$\sigma_{neck} - \sigma_{y0} = R_{neck} + \alpha_{neck} \tag{9-6}$$

式中　　σ_{neck}——颈缩起始时刻的真实应力；

　　　　R_{neck}——颈缩起始时刻的各向同性强化分量；

　　　　α_{neck}——颈缩起始时刻的随动强化分量。

σ_{neck} 可由下式得出：

$$\sigma_{\mathrm{neck}} = s_{\mathrm{neck}} \cdot (1 + e_{\mathrm{neck}}) \tag{9-7}$$

式中　　s_{neck}——颈缩起始时刻的工程应力，即材料的抗拉强度；

　　　　e_{neck}——颈缩起始时刻的工程应变。

R_{neck} 可根据式(9-2)和式(9-4)得到：

$$R_{\mathrm{neck}} = \beta \cdot (\sigma_{\mathrm{neck}} - \sigma_{y0}) = Q_\infty \cdot [1 - \mathrm{e}^{(-k \cdot \varepsilon_{\mathrm{neck}})}] \tag{9-8}$$

式中，$\varepsilon_{\mathrm{neck}}$ 为颈缩起始时刻的真实应变。

α_{neck} 可根据式(9-1)和式(9-5)得到如下：

$$\alpha_{\mathrm{neck}} = (1 - \beta) \cdot (\sigma_{\mathrm{neck}} - \sigma_{y0}) = \frac{C_1}{\gamma_1} \cdot [1 - \mathrm{e}^{(-\gamma_1 \cdot \varepsilon_{\mathrm{neck}})}] + C_2 \cdot \varepsilon_{\mathrm{neck}} \tag{9-9}$$

通常，式中 β，$\varepsilon_{\mathrm{neck}}$，$C_2$，$\gamma_1$ 和 k 可作为材料常数，对于同一等级的金属，这些常数的偏差较小。因此，Chaboche 混合强化模型必须确定的参数为 C_1 和 Q_∞。对于铝合金等延性金属，假设已知 β，$\varepsilon_{\mathrm{neck}}$，$C_2$，$\gamma_1$ 和 k，一旦获得材料的屈服强度 σ_{y0} 和抗拉强度 s_{neck}，根据式(9-7)—式(9-9)可以很容易得到 C_1 和 Q_∞ 的值。

首先通过对铝合金双缺口试件的试验和数值研究验证了所提的标定方法的合理性，其中参数 $\varepsilon_{\mathrm{neck}}$，$C_2$，$\gamma_1$ 和 k 由相应的材料拉伸材性试验结果获得。随后，利用铝合金屈曲约束支撑的试验结果在结构构件层面验证了所提方法的准确性，其中标定过程中仅使用材料的屈服强度和抗拉强度，因为 $\varepsilon_{\mathrm{neck}}$，$C_2$，$\gamma_1$ 和 k 的值已经在之前的双缺口试件的试验和分析结果中确定。

9.3　塑性模型标定方法在材料层面的验证

9.3.1　铝合金双缺口试件试验研究

设计了 8 个如图 9-3 所示的铝合金双缺口试件，其中，长度为 5 mm 的中心段具有相同的横截面面积，以尽可能使中间截面的应力-应变分布均匀。为避免试件在压缩下过早屈曲，设计了上述厚实的试件形状。为了

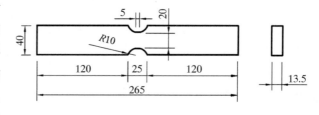

图 9-3　铝合金双缺口试件设计

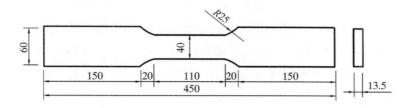

图 9-4 单调拉伸材性试件

排除材料偏差的影响,所有试件均由同一块铝合金板制成,铝合金板的公称厚度为 13.5 mm。材料等级为 6061 - T6,机械性能和化学成分如表9-1 所示。对 4 个如图 9-4 所示的材性试件进行了单调拉伸试验,相关试验结果将用于 Chaboche 塑性模型参数的标定,即采用前述的参数标定方法。

表 9-1 铝合金 6061 - T6 的力学特性和化学成分组成

试件	力学特性				化学组成 (重量)/%								
	屈服应力 /MPa	抗拉强度 /MPa	伸长率 /%	ε_{neck} /%	Al	Mg	Si	Fe	Cu	Mn	Zn	Cr	Ti
双缺口试件	257	301	12	11	98.0	1.0	0.6	0.1	0.2	0.03	0.01	0.09	0.01
屈曲约束支撑	294	331	12	/	/	/	/	/	/	/	/	/	/

所有试验均在室温下以准静态速度进行加载,采用如图 9-5 所示的 MTS 系统,加载系统的位移和承载能力分别为 ±75 mm 和 250 kN。采用标距为 50 mm 的引伸计测量标距内的变形。双缺口试件的两端用加载头夹紧,底部加载头固定,顶部加载头可移动。所有试验都采用位移控制,利用引伸计的数据进行控制。

为了研究结构铝在不同应变范围下的循环塑性,设计了如图 9-6 所示的 8 种不同加载历史。前两个试件分别在单调拉伸和压缩下加载,如图 9-6(a)和(b)所示。利用这两个试件来捕捉颈缩起始和屈曲的时刻,并根据这两个试件的试验结果设计了其他加载历史。第三个试件在图 9-6(c)所示的单圈循环后拉断加载历史下进行试验,其中单圈循环的塑性应变幅度相对较小。第四个试件的加载历史为五圈等幅循环后拉断,如图 9-6(d)所示,以研究循环硬化后的应力稳定效应。第五个试件的加载历史如图 9-6(e)所示,缩颈前进行两圈定幅循环加载后拉断,其中缩颈起始时刻也在曲线上标记。同样,图 9-6(f)给出了对应的颈缩后循环加载历史。图 9-6

图 9-5 双缺口试件的加载
装置示意图

(g)和(h)所示的最后两个加载历史被用来验证在全应变域(即颈缩前和颈缩后范围)下所提塑性模型参数标定方法的合理性。前者是在断裂前的全应变范围内的增幅加载历史,后者是在颈缩前和颈缩后阶段都有两圈定幅循环加载。通过上述加载历史,可全面评价结构铝在循环大塑性应变加载下的塑性行为。

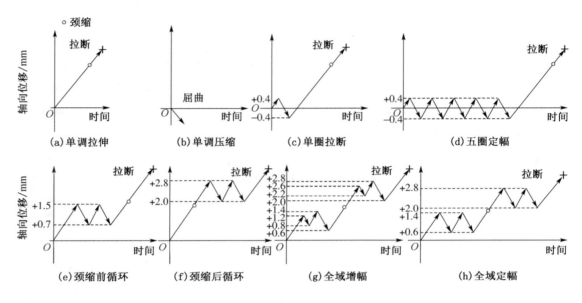

图 9-6 双缺口试件的加载历史

表 9-1 给出的材性试验结果表明,6061 - T6 铝合金的抗拉强度与屈服强度比值 1.17。如图 9-7 所示的宏观断面表明,在本研究中使用的大塑性应变循环加载下,所有双缺口试件均以延性断裂模式失效。荷载-位移曲线如图 9-8 所示,其中峰值荷载和断裂时的荷载、位移值也在图中给出。双缺口试件的名义初始屈服力为 70 kN,实际试验结果的峰值荷载范围为 85.8~89.5 kN,不同加载历史下的各试件的差异在 4% 以内。峰值荷载时刻的位移也不同,没有明显的趋势。加载历史对断裂位移有显著影响,最大偏差可达 27%,而断裂荷载的最大偏差为 6%。对比图 9-8(d)和(e)中分别显示的颈缩前和颈缩后循环加载试验结果表明,颈缩后阶段的滞回加载可导致断裂位移的减小,即在超大塑性应变范围内具有相同振幅的循环加载可导致更大的损伤。这可能是由于颈缩后最小横截面上的应变分布不均匀以及内部细观损伤累积的缘故。

9.3.2 铝合金双缺口试件的数值模拟

使用商用有限元软件 ABAQUS 对双缺口试件进行三维实体单元模型的数值分析。考虑到精度和效率,采用 C3D8R 减缩积分六面体单元。为了便于数值模拟,使用如图 9-9(b)所示的部分模型更为方便,因为试验使用引伸计标距内的位移数据进行控制。均匀横截面部分的单元比其他部分的单元尺寸更小,以准确模拟最小截面附近的应变集中。如图 9-9

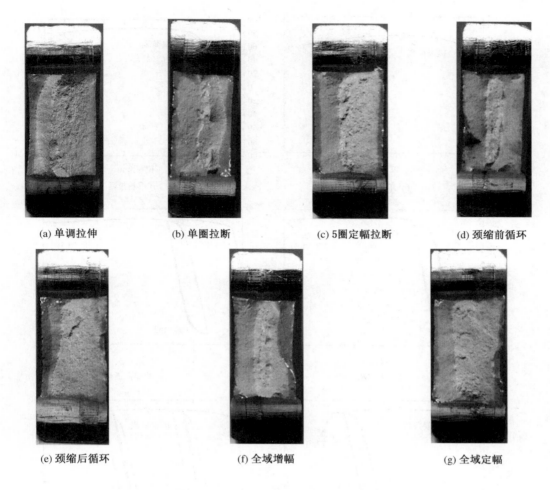

(a) 单调拉伸　　　(b) 单圈拉断　　　(c) 5圈定幅拉断　　　(d) 颈缩前循环

(e) 颈缩后循环　　　　　(f) 全域增幅　　　　　(g) 全域定幅

图 9-7　双缺口试件的断面

所示对整体模型和部分模型的分析结果进行了比较,结果表明两个模型得出的结果几乎相同。因此,在双缺口试件的分析中采用了如图 9-10 所示边界条件的部分模型。应注意的是,顶部和底部的水平自由度是自由的,在顶部施加与试验相同的强制位移,对底部中间节点施加固接约束,防止整体模型的刚体平动和转动。

9.3.3　铝合金双缺口试件塑性模型参数的标定

基于单调拉伸材性试验结果进行回归分析,以确定 γ_1,C_2 和 k 的值,因为没有参考数据可用。确定的上述参数值和 ε_{neck} 可作为材料常数,并进一步用于铝合金屈曲约束支撑的分析。表 9-2 给出了铝合金 6061 - T6 的 γ_1,C_2 和 k 值,分别等于 18.5 MPa, 25 MPa 和 14.1 MPa。研究已经发现,对于大多数延性金属,如软钢和铝,β 接近 0.5,因此本研究选择 0.0~1.0 之间的值来研究结构铝 6061 - T6 的最优值。对于不同的 β,可根据上述标定方法得到 C_1 和 Q_∞,其值也在表 9-2 中给出。

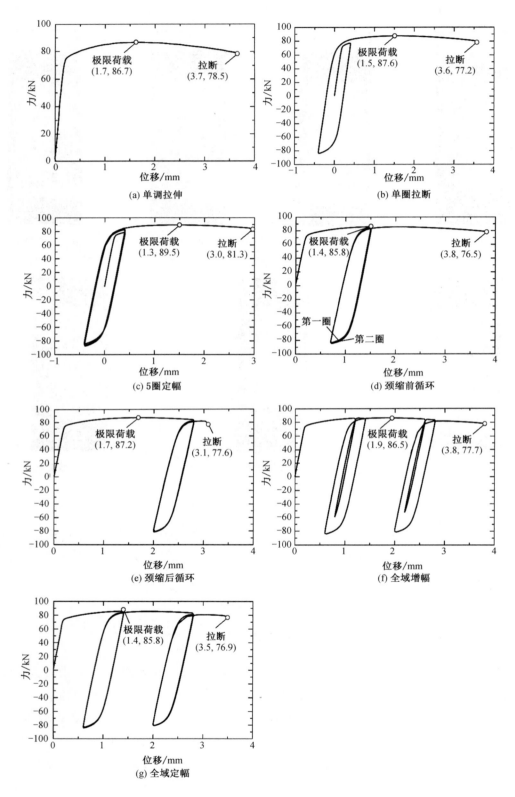

图 9-8　双缺口试件的试验结果

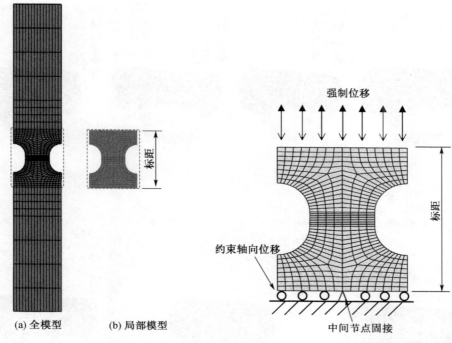

(a) 全模型　　(b) 局部模型

图 9-9　双缺口试件局部模型
和整体数值模型

图 9-10　双缺口试件有限元模型
及边界条件

表 9-2 塑性模型参数的标定结果

试件	β	C_1 /MPa	Q_∞ /MPa	σ_{y0} /MPa	C_2 /MPa	γ_1	k	γ_2
双缺口试件	0	1 634	0	257	25	18.5	14.1	0
	0.4	922	39					
	0.5	759	49					
	0.6	596	59					
	1	0	94					
屈曲约束支撑	0	1 551	0	294				
	0.4	872	37					
	0.5	717	46					
	0.6	562	56					
	1	0	89					

　　由数值结果得到的断裂时刻的等效塑性应变云图如图 9-11 所示,该图显示最小横截面的中厚处应变集中较明显。从图 9-11 可看出,相对于传统的金属塑性问题,本研究中大塑性循环加载下试件断裂时刻的等效塑性应变相当大,可达 36%～64%。在颈缩后阶段,等效塑性应变急剧增加,且随着循环次数和加载幅值的增加而增加,例如 5 圈等幅循环加载。

　　图 9-12 给出了双缺口试件荷载-位移曲线的试验结果和数值结果之间的对比,其中,由于过早屈曲,未显示在单调压缩下的试验结果。从图中可得出以下结论:

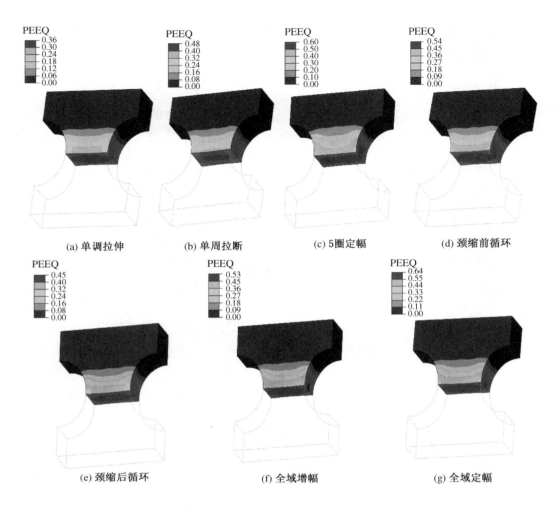

图 9-11　断裂时刻的等效塑性应变云图(PEEQ:等效塑性应变)

　　(1) 采用本章提出的标定方法,当 β 取 0.4~0.6 范围内的值时,Chaboche 混合强化模型可较好地模拟结构铝 6061-T6 在单调拉伸和循环加载下的塑性行为。

　　(2) 当 β 取 0.0 时,低估了试件的所有峰值承载力;当 β 取 1.0 时,高估了峰值承载力。

　　(3) 对于图 9-12(b)和(c)所示的小塑性应变范围,β 取 0.4 时,Chaboche 混合强化模型给出的评估结果最准确。

　　(4) 在没有记忆面的情况下,Chaboche 混合强化模型高估了等幅循环加载后续加载圈的应力,如图 9-12(c)所示。

　　(5) 对于图 9-12(d)所示的中等塑性应变范围,即颈缩前定幅加载试件,β 取 0.5 时,Chaboche 混合强化模型对拉伸侧的评价结果最好,而压缩侧的 β 最优值为 0.6。

　　(6) 对于图 9-12(e)至(g)所示的中、大塑性应变范围,即颈缩后等幅加载情况,β 取 0.5 时,Chaboche 混合强化模型对拉伸侧的评价结果最好,而压缩侧的 β 最优值为 0.6。

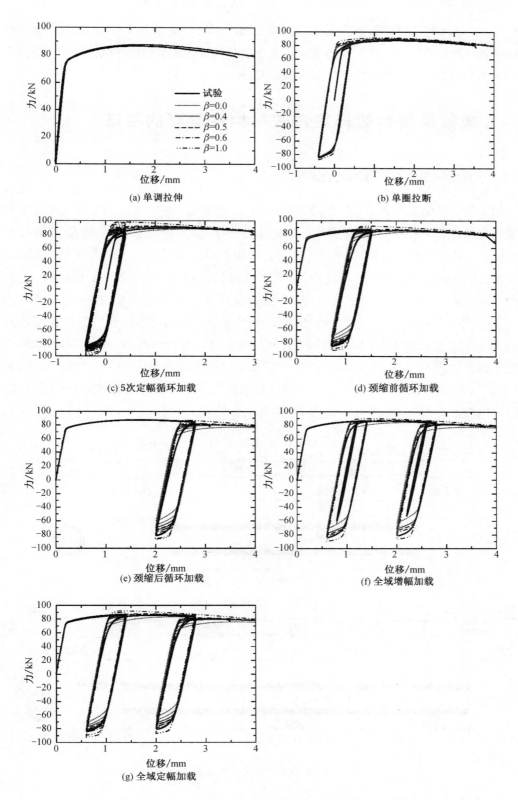

图 9-12　双缺口试件试验和有限元结果滞回曲线的对比

(7) 对于所有的循环加载工况,使用本章所提参数标定方法的 Chaboche 混合强化模型高估了弹塑性过渡区的应力。这主要是由于在弹塑性过渡区单调拉伸试验的硬化率高于循环加载下材料的屈服后硬化率(Yoshida and Uemori, 2002)。

9.4 塑性模型参数标定方法在构件层面的验证

9.4.1 铝合金屈曲约束支撑的试验研究

为了进一步说明塑性模型标定方法的应用,并验证铝合金 6061－T6 标定塑性模型参数值的合理性,对铝合金屈曲约束支撑构件进行了试验和数值研究,数值结果与文献(Wang, et al., 2018)的试验结果对比良好。使用如图 9-13 所示两个构件的循环加载试验结果来说明标定过程。屈曲约束支撑由一个竹节式的芯棒和一个圆形外套筒组成。材料采用的是铝合金 6061-T6,两个试件由同一根铝合金圆棒制成,两个试件的差异主要在于塑性变形段的长度。表 9-2 未给出材料的化学成分,因为缺少材料的合格证。在力学性能方面,屈曲约束支撑的试验结果仅得到屈服强度和抗拉强度。对于试件 S2-L4S20G1,塑性应变段的长度分别为 40 mm 和 60 mm,如图 9-13 所示。防滑键位于屈曲约束支撑的中部,避免芯棒和外套管之间发生刚体运动。两个试件均在室温下以准静态加载速度进行循环试验,试验采用与上述双缺口试件相似的 MTS 加载系统。

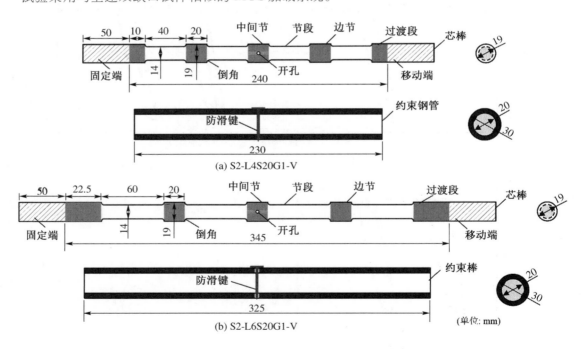

图 9-13　铝合金屈曲约束支撑的设计图

9.4.2　铝合金屈曲约束支撑的数值模拟

采用 ABAQUS 三维实体单元模型对上述铝合金屈曲约束支撑试验进行数值模拟,该模型的单元类型与双缺口试件相同。在隐式分析模块中建立有限元模型。如图 9-14 所示,外套管固定,芯棒两端施加循环位移荷载。对芯棒进行网格精细划分,以准确反映芯棒的滞回性能和变形形态。由于外套管中的应力较小,外套管的网格尺寸相对较大。

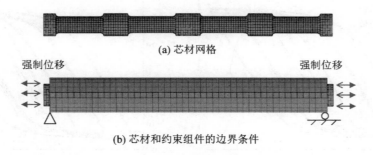

(a) 芯材网格

(b) 芯材和约束组件的边界条件

图 9-14　屈曲约束支撑的有限元模型及边界条件

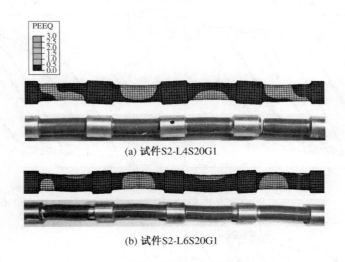

(a) 试件S2-L4S20G1

(b) 试件S2-L6S20G1

图 9-15　试验和数值模拟屈曲模态的对比

9.4.3　基于典型力学性能参数的塑性模型参数标定

在塑性模型参数的标定过程中,通过两根材性试件的单调拉伸试验,获得所需的变量。由于假定 β,ε_{neck},γ_1 和 k 的值与双缺口试件相同(同牌号铝合金材料),因此在对 Chaboche 混合强化模型参数进行标定时,仅采用材性试验的典型力学性能参数。这与前述双缺口试件的塑性模型参数标定过程稍有不同,仅需要最小数量的机械性能参数,即材料的屈服强度和抗拉强度。根据新提出的标定方法,可以得到铝合金屈曲约束支撑的 Chaboche 模型参数值,如表 9-2 所示。同样,选择 0.0~1.0 范围内的 β 进行塑性模型参数的标定。

随着压缩变形的增加,屈曲约束支撑的芯棒在第一屈曲模态下开始屈曲,随后由于外套管的约束而不断发展为高阶屈曲模态。试验结果与数值结果的对比如图 9-15 所示。数值模拟可以较好模拟两个试件的变形模式。同时,还发现累积等效塑性应变可达 300% 左右,与机械等其他工程领域相比,极限应变相对较大。

图 9-16 和图 9-17 分别比较了试件 S2-L4S20G1 和试件 S2-L6S20G1 的试验和模拟结

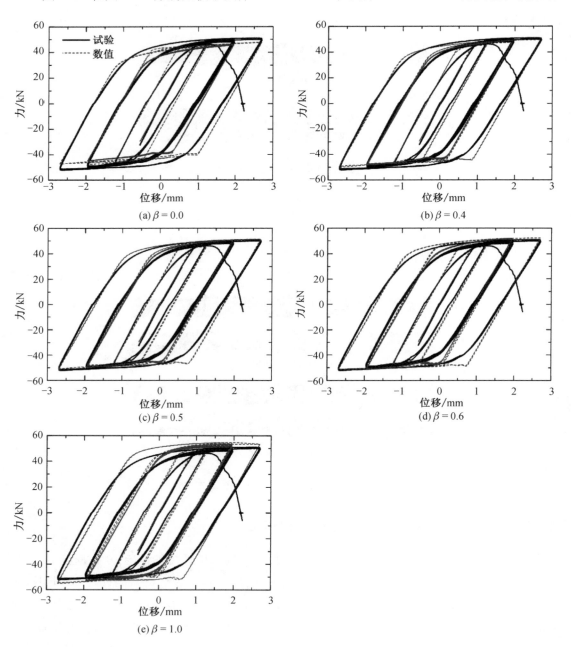

图 9-16　试件 S2-L4S20G1 力-位移曲线的对比

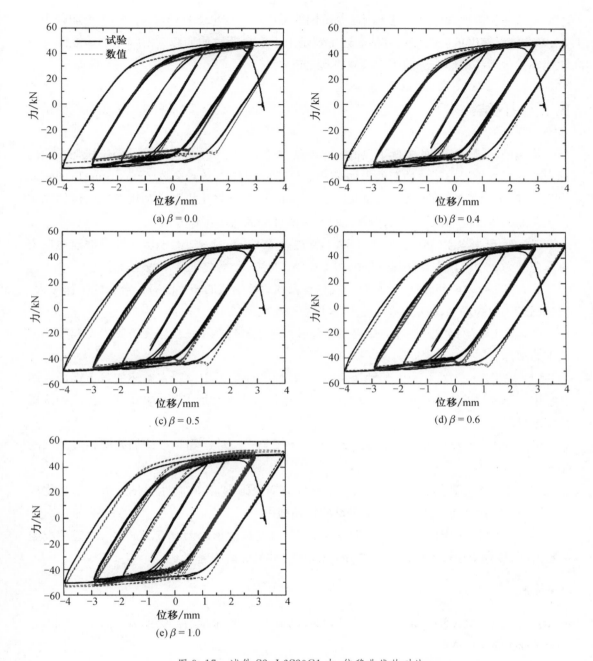

(a) $\beta = 0.0$

(b) $\beta = 0.4$

(c) $\beta = 0.5$

(d) $\beta = 0.6$

(e) $\beta = 1.0$

图 9-17　试件 S2-L6S20G1 力-位移曲线的对比

果的荷载-位移曲线。对比结果表明,利用所提出的标定方法得到的塑性模型参数,模拟精度良好。当 β 取 0.5 时可较好评估拉伸和压缩时的峰值荷载;当 β 取 0.0 和 0.4 时,有限元结果会低估了试验的峰值荷载;当 β 取 0.6 和 1.0 时,相应的值则高估了峰值荷载。因此,对于铝合金 6061-T6,β 的最优值在 0.5 附近。根据低碳钢的试验结果,β 可作为一个材料常数,通常取 0.5,与应变范围的关系不大。在实践中,如果没有可用的循环试验结果,建议

β 取 0.5，并且该参数也可通过不同应变范围的循环试验结果进行标定。除第 1 个加载半圈外，弹塑性过渡区的应力仍被高估。这主要是由于在单调拉伸加载下的弹塑性转变区的硬化速率大于后续循环加载圈相应区域的硬化速率。

9.5 小结

金属循环塑性模型的精度不仅取决于模型本身的理论架构，还取决于相应模型参数的标定方法。本章提出了一种新的方法来标定广泛使用的广义多参数 Armstrong-Frederick 模型，同时考虑了各向同性强化，也被称为 Chaboche 混合强化模型。利用双缺口试件和铝合金屈曲约束支撑的试验结果，分别在材料和构件层面验证了新方法。

（1）对于结构铝 6061 - T6，具有两个背应力的 Chaboche 塑性模型可较好地描述在全应变范围内大塑性应变循环加载下的力学行为，其中一个背应力采用线性表达。

（2）与颈缩前阶段相比，颈缩后阶段具有相同位移幅值的塑性圈对铝合金的损伤更大。随着循环次数的增加，断裂位移也会因累积损伤而大大减小。

（3）采用新的标定方法建立塑性模型能较好地模拟结构铝在全应变范围内变幅循环加载下的塑性。

（4）采用新的方法标定的塑性模型，可以较好地评价大塑性应变循环加载下铝合金屈曲约束支撑的屈曲模态和荷载-位移曲线，其中塑性模型参数可仅通过初始屈服强度和抗拉强度进行标定。

（5）在弹塑性转变区观察到偏差，主要是由于第一拉伸半圈和后续加载圈相应区域硬化率不同。

（6）对于材料铝合金 6061 - T6，在小塑性应变范围内，各向同性强化分量占总强化应力的比值 β 约为 0.4，此时可给出最准确的评估结果。

（7）对于材料的铝合金 6061 - T6，在拉伸侧 β 的最优值约为 0.5，而在中、大塑性应变范围内（即接近或超过颈缩起始应变）的压缩侧 β 的最优值约为 0.6。

参考文献

ABAQUS, 2010. ABAQUS standard manual (Version 6.10)[Z]. Karlsson & Sorensen Inc., Hibbitt. Pawtucket (RI, USA).

Brando G, D'Agostino F, De Matteis G, 2013. Experimental tests of a new hysteretic damper made of buckling inhibited shear panels[J]. Materials and Structures,46(12):2121-2133.

Chang K C, Lee G C, 1986a. Biaxial properties of structural steel under nonproportional loading[J]. Journal of Engineering Mechanics,112(8):792-805.

Chang K C, Lee G C, 1986b. Constitutive relations of structure steel under nonproportional loading[J]. Journal of Engineering Mechanics,112(8):806-820.

Dørum C, Lademo O-G, Myhr O R, et al., 2010. Finite element analysis of plastic failure in heat-affected zone of welded aluminium connections[J]. Computers & Structures,88(9-10):519-528.

De Matteis G, Formisano A, Panico S, et al. , 2008. Numerical and experimental analysis of pure aluminium shear panels with welded stiffeners[J]. Computers & Structures,86(6):545-555.

De Matteis G, Mandara A, Mazzolani F M, 2000. T-stub aluminium joints: influence of behavioural parameters[J]. Computers & Structures,78(1-3):311-327.

Dey P, Narasimhan S, Walbridge S, 2016. Evaluation of design guidelines for the serviceability assessment of aluminum pedestrian bridges[J]. Journal of Bridge Engineering,22(1):04016109.

Frederick C O, Armstrong P J, 2007. A mathematical representation of the multiaxial Bauschinger effect [J]. Materials at High Temperatures,24(1):1-26.

Ge H B, Kang L, 2014. Ductile crack initiation and propagation in steel bridge piers subjected to random cyclic loading[J]. Engineering Structures,59:809-820.

Hu F, Shi G, Shi Y, 2016. Constitutive model for full-range elasto-plastic behavior of structural steels with yield plateau: Calibration and validation[J]. Engineering Structures,118:210-227.

Hu F, Shi G, Shi Y, 2018. Constitutive model for full-range elasto-plastic behavior of structural steels with yield plateau: Formulation and implementation[J]. Engineering Structures,171:1059-1070.

Jia L-J, Ge H B, Shinohara K, et al. , 2016a. Experimental and numerical study on ductile fracture of structural steels under combined shear and tension[J]. Journal of Bridge Engineering,21(5):04016008.

Jia L-J, Ikai T, Shinohara K, et al. , 2016b. Ductile crack initiation and propagation of structural steels under cyclic combined shear and normal stress loading[J]. Construction & Building Materials,112: 69-83.

Jia L-J, Kuwamura H, 2015. Ductile fracture model for structural steel under cyclic large strain loading [J]. Journal of Constructional Steel Research,106:110-121.

Jia L-J, Kuwamura H, 2014a. Ductile fracture simulation of structural steels under monotonic tension[J]. Journal of Structural Engineering,140(5):04013115.

Jia L-J, Kuwamura H, 2014b. Prediction of cyclic behaviors of mild steel at large plastic strain using coupon test results[J]. Journal of Structural Engineering (ASCE),140(2):04013056.

Kang L, Ge H B, Kato T, 2015. Experimental and ductile fracture model study of single-groove welded joints under monotonic loading[J]. Engineering Structures,85:36-51.

Khadyko M, Dumoulin S, Børvik T, et al. , 2015. Simulation of large-strain behaviour of aluminium alloy under tensile loading using anisotropic plasticity models[J]. Computers & Structures,157:60-75.

Kuhlmann-Wilsdorf D, Laird C, 1979. Dislocation behavior in fatigue II. Friction stress and back stress as inferred from an analysis of hysteresis loops[J]. Materials Science and Engineering,37(2):111-120.

Liao F, Wang W, Chen Y, 2015. Ductile fracture prediction for welded steel connections under monotonic loading based on micromechanical fracture criteria[J]. Engineering Structures,94:16-28.

Liu Y, Jia L-J, Ge H B, et al. , 2017. Ductile-fatigue transition fracture mode of welded T-joints under quasi-static cyclic large plastic strain loading[J]. Engineering Fracture Mechanics,176:38-60.

Matteis G D, Moen L A, Langseth M, et al. , 2001. Cross-sectional classification for aluminum beams-parametric study[J]. Journal of Structural Engineering,127(3):271-279.

Mazzolani F M, Piluso V, Rizzano G, 2011. Local buckling of aluminum alloy angles under uniform compression[J]. Journal of Structural Engineering,137(2):173-184.

Moen L A, Matteis G D, Hopperstad O S, et al. , 1999. Rotational capacity of aluminum beams under moment gradient. ? II: numerical simulations[J]. Journal of Structural Engineering,125(8):921-929.

Rosien F J, Ostertag C P, 2009. Low cycle fatigue behavior of constraint connections[J]. Materials and Structures,42(2):171-182.

Saleem M A, Mirmiran A, Xia J, et al. , 2012. Experimental evaluation of aluminum bridge deck system [J]. Journal of Bridge Engineering,17(1):97-106.

Shen C, Mamaghani I H P, Mizuno E, et al. , 1995. Cyclic behavior of structural steels. II: theory[J]. Journal of Engineering Mechanics,121(11):1165-1172.

Su M-N, Young B, Gardner L, 2015. Continuous beams of aluminum alloy tubular cross sections. I: tests and FE model validation[J]. Journal of Structural Engineering,141(9):04014232.

Su M-N, Young B, Gardner L, 2016. The continuous strength method for the design of aluminium alloy structural elements[J]. Engineering Structures,122:338-348.

Tabatabai R H A R a H, 2010. Evaluation of the low-cycle fatigue life in ASTM A706 and A615 grade 60 steel reinforcing bars[J]. Journal of Materials in Civil Engineering,22(1):65-76.

Ucak A, Tsopelas P, 2012. Accurate modeling of the cyclic response of structural components constructed of steel with yield plateau[J]. Engineering Structures,35:272-280.

Ucak A, Tsopelas P, 2011. Constitutive model for cyclic response of structural steels with yield plateau [J]. Journal of Structural Engineering,137(2):195-206.

Wang C L, Liu Y, Zhou L, et al. , 2018. Concept and performance testing of an aluminum alloy bamboo-shaped energy dissipater[J]. The Structural Design of Tall and Special Buildings,27(4):e1444.

Wang J, Shi Y, Wang Y, 2016. Constitutive model of low-yield point steel and its application in numerical simulation of buckling-restrained braces[J]. Journal of Materials in Civil Engineering,28(3):04015142.

Yin S, Corona E, Ellison M S, 2004. Degradation and buckling of I-beams under cyclic pure bending[J]. Journal of Engineering Mechanics,130(7):809-817.

Yoshida F, Uemori T, 2002. A model of large-strain cyclic plasticity describing the Bauschinger effect and work hardening stagnation[J]. International Journal of Plasticity,18(5-6):661-686.

第 10 章 铝合金材料的超低周疲劳破坏

10.1 概述

各种类型铝合金材料的高、低周疲劳(González, et al., 2011; Hao, et al., 2014; May, et al., 2013; Naeimi, et al., 2017)和焊接节点疲劳破坏(Al Zamzami and Susmel, 2017; Ambriz, et al., 2010)相关研究已广泛开展。研究发现,当应变幅度增加到临界值时,延性金属的断裂模式可从疲劳断裂转变为延性断裂(Kuwamura,1997)。与疲劳断裂和延性断裂相比,在一定应变幅度的情况下,还存在疲劳断裂和延性断裂组合的过渡模式(Panontin and Sheppard, 1995)。

对于地震风险较高地区的铝合金建筑结构,在经历数十或数百次大塑性应变循环加载后,结构可能会失效,本书称该失效模式为超低周疲劳断裂。在这种情况下,材料的断裂模式或延性断裂,或是延性断裂与疲劳断裂之间的过渡断裂,在低温或低韧性材料中,也可能发生延性断裂与脆性断裂的过渡模式。已有学者采用细观延性断裂模型对延性金属和试件的延性断裂进行了大量研究(Bai and Wierzbicki, 2015; Bao and Wierzbicki, 2005; Jia et al.,2014,2016; Jia and Kuwamura, 2014; Khandelwal and El-Tawil, 2014; Kiran and Khandelwal, 2013; Kiran and Khandelwal, 2014; Xue and Wierzbicki, 2008)。循环空穴成长模型(CVGM)也被用于研究循环渐增加载下钢构件的延性断裂(Jia and Kuwamura, 2015)。此外,还发现金属的高周疲劳强度与材料单调拉伸材性试验结果之间存在相关性(Özdeş and Tiryakioğlu, 2017; Pang, et al., 2013)。这些研究成果对工程技术人员具有重要意义,因为工程技术人员在实际应用中往往只能获得材料单调拉伸的试验结果。然而,据作者所知,目前还没有关于单调拉伸材性试验结果与超低周疲劳之间相关性的研究。

本章以铝合金材性试验和相关循环加载试验结果为基础,拟建立金属材料单轴拉伸材性试验结果与超低周疲劳寿命之间的联系。本章提出了一种新的损伤模型,将损伤划分为运动强化相关和各向同性强化相关,损伤累积规律仍遵循循环空穴成长模型。采用数值分析方法对超低周疲劳加载下铝合金试件的裂纹萌生进行了模拟,结果表明,CVGM 大大高估了裂纹萌生前的加载循环次数。新提出的损伤模型能较好地评估裂纹萌生的瞬间,并标定了 6061－T6 铝合金的相应模型参数。

(a) 南京牛首山

(b) 天津海河蚌埠桥

图 10-1　铝合金材料在空间结构和桥梁上的应用

10.2　6061－T6 铝合金的超低周疲劳试验

10.2.1　试验设计

如图 9-3 所示,对 15 个双缺口试件进行循环定幅加载试验,加载至试件断裂。考虑到试件在大的压缩荷载下可能会发生失稳,设计了小长细比试件,避免试件过早发生弹塑性失稳。双缺口试件中心部分的横截面均匀,长度为 5 mm,使应变分布尽可能均匀,但由于失稳问题,仍长度有限,无法达到应变均匀分布的目的。试件中心横截面宽度为 20 mm,端部宽度为 40 mm。

如图 9-4 所示,通过 3 个单调拉伸材性试验,获得材料的基本力学性能参数。所有试件均由同一块 13.5 mm 厚挤压成型的 6061－T6 铝合金板加工而成。从 3 个材性试验中获得的平均机械性能和材料的化学成分与表 9-1 中列出的相同。材料平均屈服强度为 257 MPa,抗拉强度为 300 MPa,即材料屈强比为 0.86。铝合金材性试件测试的引伸计标距为 50 mm,平均伸长率为 12%,约为低碳钢的一半。双缺口试件的试验加载装置如图 9-5 所示,每个试件的底端固定,顶端的纵向可移动。所有试验均采用如图 9-5 所示的 MTS 加载装置在室温约 30℃、以准静态速度下进行。所有的双缺口试件的加载制度为循环定幅加载,试验都由一个标距为 50 mm 的 MTS 引伸计的位移数据自动控制,如图 9-5 所示。加载历史如图 10-2 所示,预期和实际位移振幅如表 10-1 所示。试验由加载系统自动控制,发现预期位移与实际位移的最大偏差在 3.5% 以内。设计了

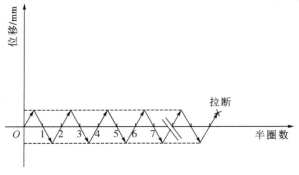

图 10-2　双缺口试件的加载历史

3.10％,3.45％,3.80％,4.15％和4.50％等5种不同的加载应变幅值。作者使用先前提出的 CVGM 进行了初步有限元分析,确定了以上应变幅值的具体值。正应变和负应变分别对应于拉伸和压缩下试件的最大等效应变。初步分析的主要目标是确保试件在几圈至几十圈加载循环内发生破坏。对于每个应变幅度,测试3个试件,以考察由于可能的几何、机械缺陷和其他因素造成的偏差。以试件 DEN-3.10-2 说明试件的命名方法,其中"3.10"表示最大等效应变点的等效应变振幅为 3.10％,而"2"表示 DEN-3.10 系列的第2个试件。

表 10-1　　　　　　　　　　不同试件的预期和实际加载位移幅值　　　　　　　　　（单位:mm）

试件	DEN-3.10	DEN-3.45	DEN-3.80	DEN-4.15	DEN-4.50
预期位移幅值	±0.378	±0.403	±0.429	±0.456	±0.483
实际位移幅值	+0.367 -0.367	+0.395 -0.393	+0.420 -0.419	+0.445 -0.444	+0.469 -0.466

10.2.2　破坏模式及断面观察

在试验过程中,每圈拉伸和压缩峰值位移时会暂停试验,以验证试件的开裂状态。所有试件的失效特征是开裂,典型试件的开裂过程如图 10-3 所示。所有试件的失效都是从表面的裂纹萌生开始的,当裂纹达到人眼可视的尺寸时定义为裂纹萌生时刻,然后裂纹沿厚度斜向扩展,在宽度方向也同时扩展。当主裂纹发展到相当大的尺寸时,试件发生全截面断裂,所有试件承载力的最终丧失都由试件的全截面断裂引起。图 10-4 给出了使用常规摄像机观察到的宏观断面,超低周疲劳断面的特征和普通高、低周疲劳断面有所不同;金属材料的高、低周疲劳断面通常具有大量的疲劳辉纹,与传统断面不同,超低周疲劳断面可观察到多个宽度较大的条纹,裂纹萌生位置也可以从宏观断面推断出来,所有裂纹都是从试件表面开始的。宏观断面一般可分为两个不同的区域,即超低周疲劳断面和延性断面。前者以同心圆弧为特征,后者以韧窝为特征。当裂纹增大到一定尺寸时,由于试件的最终断裂而形成延性断裂面。在低碳钢的超低周疲劳试验结果中观察到类似的失效模式(Liu, et al., 2017),在钢试件超低周疲劳断面也发现了多个宽度较大的条纹,使用扫描电子显微镜放大后可在条纹上观察到典型的延性断裂特征——韧窝。这表明超低周疲劳破坏的主要机制是延性断裂,有可能采用单调拉伸材性试验结果来评估延性金属的超低周疲劳寿命。

为了从细观层面验证断裂模式,利用扫描电镜对铝合金试件超低周疲劳断面进行断面形貌观察。图 10-5 给出了试件 DEN-4.50-2 断面3个典型位置的观测结果,如图 10-5(a)所示。这3个典型位置分别位于两个超低周疲劳辉纹之间、疲劳辉纹上和延性断面上。对于位于疲劳辉纹之间的点 A,如图 10-5(c)所示,断面平坦光滑,为准解理断裂。图 10-5(b)中也有许多微小的韧窝,韧窝在循环加载下变扁平,该处同时能观察到细小的扁平韧窝和脆

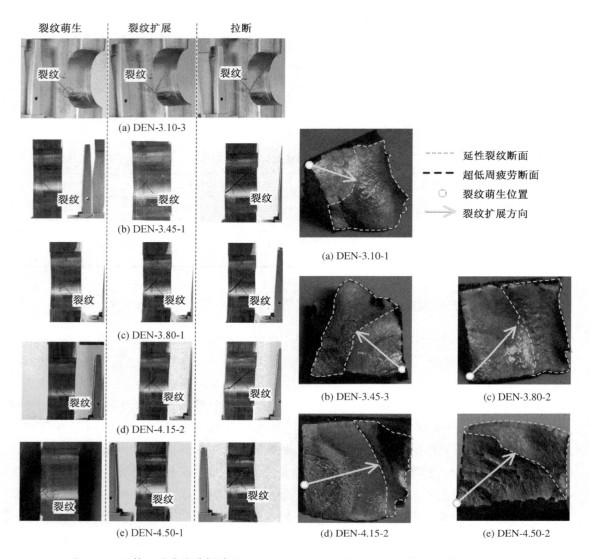

图 10-3　双缺口试件的破坏过程　　　　图 10-4　双缺口试件的宏观断面

性准解理断裂,断裂模式为准脆性断裂。图 10-5(c)所示 B 点的断面由两个不同的区域组成,其中左侧的区域与图 10-5(b)相似,右侧的区域为韧窝。结果表明,在试件裂纹扩展过程中,由于应变幅值较大,形成了延性韧窝。如图 10-5(d)所示,C 点可观察到延性韧窝,其中典型的韧窝尺寸在 $10\sim100~\mu m$ 之间,远小于低碳钢的典型韧窝尺寸。

10.2.3　滞回曲线和骨架曲线

　　双缺口试件的荷载-位移曲线和相应的骨架曲线分别如图 10-6、图 10-7 所示。图 10-6 显示所有双缺口试件的滞回特性稳定,在骨架曲线上也标出了裂纹萌生的时刻,表明裂纹都

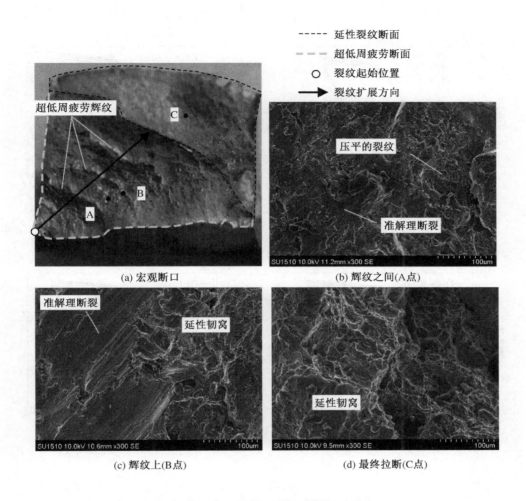

------ 延性裂纹断面
------ 超低周疲劳断面
○　裂纹起始位置
→　裂纹扩展方向

(a) 宏观断口　　　　(b) 辉纹之间(A点)

(c) 辉纹上(B点)　　　　(d) 最终拉断(C点)

图 10-5　试件 DEN-4.50-2 断面观察结果

是从受压加载半圈开始的;如图 10-7 所示的骨架曲线表明,在最初的几个加载循环中,由于应变强化,承载能力首先增加,然后在开裂前变得稳定。裂纹萌生后,抗拉承载力逐渐降低,而受压承载力几乎不受影响。整个破坏过程显示出延性特征。表 10-2 给出了拉伸和压缩的峰值荷载及其平均值,其中平均峰值拉伸强度范围为 84.2~88.7 kN,压缩强度范围为 $-85.6 \sim -92.1$ kN,还列出了裂纹萌生和最终失效前的加载半圈数。当荷载降至峰值荷载的 85% 以下时,定义最终失效。当应变幅度从 3.10% 增加到 4.50% 时,裂纹萌生前的平均加载半圈数 $_tN_{ini,\,ave}$ 从 87 减少到 49,而最终失效前的平均加载半圈数 $_tN_{f,\,ave}$ 从 106 减少到 58,如表 10-2 所示。裂纹扩展阶段占超低周疲劳寿命的比重较大,从 15.5% 到 22.9% 不等。

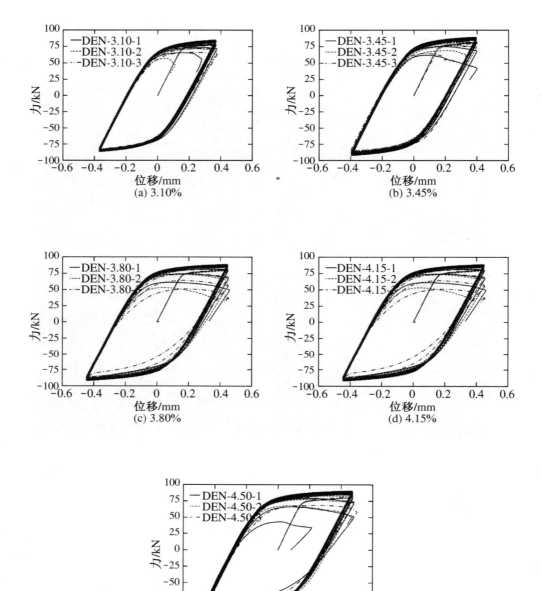

图 10-6　双缺口试件的力-位移曲线

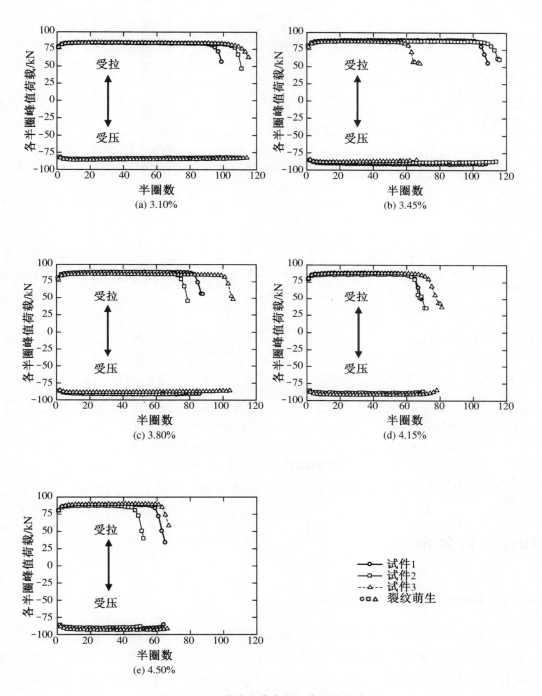

图 10-7　试件峰值荷载与加载圈数关系图

表 10-2 双缺口试件的试验结果

试件	极限强度				$_tN_{ini}$	$_tN_{ini,ave}$	$_tN_f$	$_tN_{f,ave}$
	$_tP_{max}$ /kN	$_tP_{max,ave}$ /kN	$_cP_{max}$ /kN	$_cP_{max,ave}$ /kN				
DEN-3.10-1	84.2		−85.7		80		97	
DEN-3.10-2	83.9	84.2	−85.1	−85.6	94	87	109	106
DEN-3.10-3	84.6		−86.0		88		111	
DEN-3.45-1	89.0		−91.9		86		105	
DEN-3.45-2	87.4	87.8	−89.9	−90.1	92	78	113	94
DEN-3.45-3	87.0		−88.6		56		63	
DEN-3.80-1	88.8		−91.9		72		85	
DEN-3.80-2	88.6	87.9	−91.8	−90.8	64	73	75	88
DEN-3.80-3	86.3		−88.7		84		103	
DEN-4.15-1	88.5		−91.6		48		67	
DEN-4.15-2	86.6	87.8	−89.7	−91.0	54	54	67	70
DEN-4.15-3	88.4		−91.6		60		75	
DEN-4.50-1	88.6		−91.8		54		61	
DEN-4.50-2	87.4	88.7	−91.0	−92.1	34	49	49	58
DEN-4.50-3	90.2		−93.5		58		65	

备注：$_tP_{max}$ 为拉伸侧峰值荷载；　　　$_tP_{max,ave}$ 为拉伸侧平均峰值荷载；

$_cP_{max}$ 为压缩侧峰值荷载；　　　$_cP_{max,ave}$ 为压缩侧平均峰值荷载；

$_tN_{ini}$ 为试验结果裂纹萌生前的加载半圈数；　　$_tN_{ini,ave}$ 为 $_tN_{ini}$ 的平均值；

$_tN_f$ 为试验结果失效前的加载半圈数；　　$_tN_{f,ave}$ 为 $_tN_f$ 的平均值。

10.3　数值模拟

10.3.1　有限元建模

根据试验结果,可发现超低周疲劳断裂的主要失效机理是延性断裂。因此,采用第 6 章中的循环空穴成长模型(CVGM)对双缺口试件的裂纹萌生进行了模拟。采用有限元软件 ABAQUS 进行了数值模拟,建立了如图 10-8 所示的三维实体模型,考虑效率和精度,将单元类型选为 C3D8R。对双缺口试件在标距内的部分进行了模拟,图中给出了边界条件,保证与试验结果相似的约束效果。使用引伸计数据对试件施加位移荷载,对于底端,仅约束轴向平动自由度,并固定截面中心节点,避免整个模型发生刚体运动。

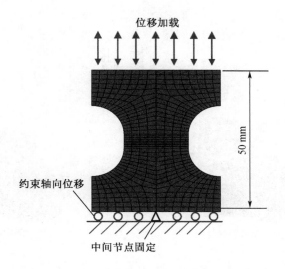

位移加载

50 mm

约束轴向位移

中间节点固定

图 10-8　双缺口试件的有限元模型及边界条件

对于断裂参数 χ_{cr}，通过相应的拉伸材性试验结果进行标定，其值为 0.9；对于循环塑性模型，采用了 Chaboche 混合强化模型，标定得到的塑性模型参数及断裂模型参数如表 10-3 所示。

表 10-3　　　　　　　　　铝合金的循环塑性模型及断裂模型参数

试件	β	C_1 /MPa	Q_∞ /MPa	σ_{y0} /MPa	C_2 /MPa	γ_1	k	γ_2	χ_{cr}
双缺口试件	0.5	750	48	257	25	18.5	14.1	0	0.9

10.3.2　试验与数值分析结果的对比

由于双缺口试件中间均匀截面很短，中心截面的应力-应变分布并不均匀。图 10-9 给出了第一个循环峰值拉伸和压缩变形时的应力三轴度、等效塑性应变和 CVGM 模型损伤因子 D_{CVGM} 的分布云图。图 10-9(a) 表明应力三轴度在横截面中心有所集中，从图 10-9(b) 可看出，与应力三轴度相比，等效塑性应变分布更加均匀。从图 10-9(c) 可看出，在拉伸半圈结束时损伤集中在横截面的中心部分，而在压缩半圈结束时，在宽度方向上损伤的分布变得更加均匀。这就是为什么在试验过程中，裂纹会从试件的表面萌生且发生在受压加载半圈。

图 10-10 绘制了中间横截面上两个关键点的应力三轴度历史曲线，A 点和 B 点分别位于横截面的中心和表面，中心(A 点)的应力三轴度可增加到 6.0 左右，这是一个非常高的值，对应于非常小的断裂应变，表面(B 点)应力三轴度小于 1.0，其值远低于中心处的。

图 10-11 给出了两个关键点损伤因子 D_{CVGM} 的演化历史。如图 10-9(c)、图 10-11 所示，对于中心点 A 处，D_{CVGM} 在压缩加载半圈内不增加，因为中心的应力三轴度低于 $-1/3$，

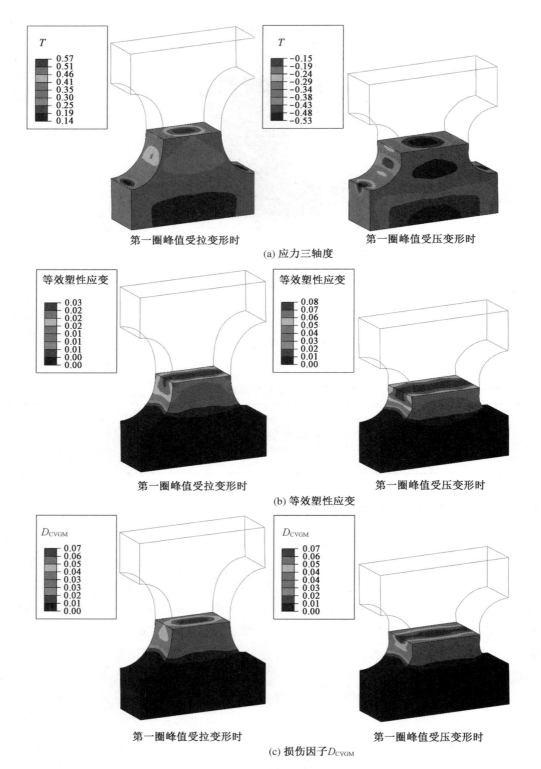

(a) 应力三轴度

(b) 等效塑性应变

(c) 损伤因子D_{CVGM}

图 10-9　试件应力三轴度、等效塑性应变及损伤分布云图

根据 CVGM 模型的损伤定义,没有损伤累积。对于表面点 B 处,在压缩加载半圈内,D_{CVGM} 仍然增加。这种差异主要是由于应力三轴度的不同造成的。对于表面点 B 处,应力三轴度在压缩加载半圈内由负变为正,因此,D_{CVGM} 在压缩加载半圈内可继续增加。此外,图 10-10 还表明,第三次加载循环的应力三轴度-等效塑性应变曲线与后续加载循环的曲线几乎相同。在此基础上,如果加载方案为循环定幅加载,则可利用第三次加载循环的分析结果来评估整个加载过程中试件的力学状态。

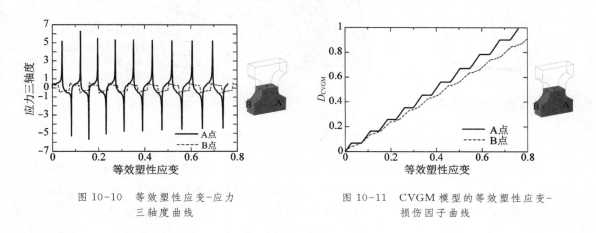

图 10-10　等效塑性应变-应力三轴度曲线

图 10-11　CVGM 模型的等效塑性应变-损伤因子曲线

表 10-4 列出了采用 CVGM 模型预测的所有双缺口试件裂纹萌生时刻的加载半圈数,并与相应的试验值进行比较。对比结果显示,CVGM 模型大大低估了裂纹萌生的加载半圈数。之前提出的 CVGM 模型相关的验证试验结果大多失效寿命为几圈,加载历史主要是循环渐增加载。本研究的对比结果表明,在循环定幅加载下 CVGM 模型不能很好地评估超低周疲劳断裂问题,特别是当构件的失效寿命在几十圈以上时。

10.4　超低周疲劳断裂模型

众所周知,损伤与塑性变形密切相关,尤其对于延性金属更是如此。一般延性金属的应变强化可分为两种类型,即各向同性强化和随动强化。各向同性强化通常是由晶胞壁等稳定的位错结构的形成引起的,而随动强化主要是由具有不太稳定结构的位错引起的,如塞积位错(Yoshida and Uemori, 2002)。各向同性和随动强化的定义如图 10-12 所示,使用延性金属在单轴循环加载下的典型应力-应变曲线。图 10-12(a)显示了第 5 次反向加载时的应变强化效应可忽略不计,而第 3 次反向加载时会出现明显的应变硬化。主要原因是第 3 次反向加载时应变幅比第 1 次反向加载时增加了一倍,而第 5 次反向加载时应变幅相对第 3 次反向加载时基本保持不变。应变强化与材料的损伤密切相关,为了考虑不同的损伤累积速率,当等效塑性应变幅值相对于之前的幅值有所增加时,定义为各向同性相关损伤,其余部分则定义为随动强化相关损伤,如图 10-12 所示。

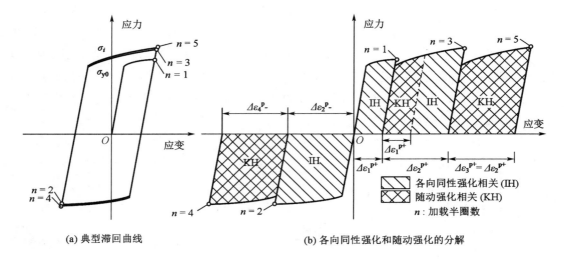

(a) 典型滞回曲线　　　　　　　　　(b) 各向同性强化和随动强化的分解

图 10-12　各向同性和随动强化相关损伤的定义

裁纹萌生时刻的加载半圈数被定义为裂纹萌生寿命。CVGM 模型大大低估了循环定幅加载下的裂纹萌生寿命,根据本章的定义,随动强化相关损伤在循环定幅加载下起主导作用。这意味着与随动强化相关的损伤被 CVGM 模型高估了。因此,本研究提出以下假定:

假定 1:在相同应力三轴度的等效塑性应变增量下,各向同性强化引起的损伤累积大于随动强化引起的损伤。

假定 2:随动强化引起的损伤累积与各向同性强化引起的损伤累积成正比。

假定 3:各向同性强化相关损伤遵循 CVGM 模型的累积规律。

假定 1 很容易被接受,因为在许多金属的循环试验结果中都观察到了类似的结果(Kuroda,2002;Ohata and Toyoda,2004),试验和数值结果也证明了这一假设的合理性。

对于假定 2,文献(Ohata and Toyoda,2004)中假定随动强化相关塑性加载历史不引起损伤累积,这个假定不太合理。因为根据文献中的损伤累积规则,延性金属在循环定幅加载下将永远不会发生断裂,而这与本章的试验结果不符。作为第一近似,本章假定随动强化相关塑性加载历史也会引起损伤累积,且引起的损伤累积与各向同性强化引起的损伤累积呈线性关系。

对于假定 3,作者之前提出的 CVGM 模型对单调拉伸和循环加载工况采用相同的模型参数。对于单调拉伸,根据图 10-12 所示的定义,损伤累积都是各向同性强化相关的,且 CVGM 模型可以准确评估单调拉伸加载下的延性断裂问题,这意味着各向同性强化相关损伤是遵循 CVGM 损伤演化规则的。

根据上述假设,提出了以下损伤演化规律:

$$dD = dD_{IH} + dD_{KH} \tag{10-1}$$

$$dD_{IH} = dD_{\text{CVGM}} \tag{10-2}$$

$$dD_{KH} = \eta dD_{IH} \tag{10-3}$$

式中　D——总损伤；

D_{IH}，D_{KH}——分别为各向同性强化和随动强化相关损伤；

D_{CVGM}——由 CVGM 模型定义的损伤指数；

η——材料常数。

与 CVGM 模型一样，当 D 达到 1.0 时，假设材料发生裂纹萌生。

根据式(10-1)—式(10-3)，可在先前提出的 CVGM 模型的协助下预测超低周疲劳加载下延性金属试件的裂纹萌生，其中还有一项额外工作，即区分 D_{IH} 和 D_{KH}。基于 CVGM 模型的双缺口试件的数值模拟结果，根据图 10-13 所示的方法区分损伤因子最大的节点的 D_{IH} 和 D_{KH} 分量，曲线的各上升段基本代表了节点的正应力三轴度相关加载历史，水平段代表了应力三轴度 $-1/3$ 以下的加载历史，根据 CVGM 模型，应力三轴度 $-1/3$ 以下时无损伤累积。

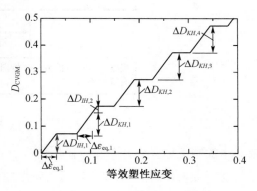

图 10-13　各向同性和随动强化相关损伤的划分

从图 10-13 可看出，第 1 个拉伸加载半圈的损伤为 100% 各向同性强化相关，第 2 个拉伸半圈的损伤同时包含各向同性强化相关损伤和随动强化相关损伤，因为根据图10-12 中的相关损伤定义，在第 2 个拉伸加载半圈中同时发生了各向同性和随动强化相关损伤。通过对比第 1 个和第 2 个拉伸加载半圈的等效塑性应变增量，可识别第 2 个拉伸加载半圈的 D_{IH} 分量。对于除前两个加载循环外的后续加载历史，根据本章的定义相关损伤皆属于随动强化相关损伤。基于上述讨论，D_{CVGM} 的损伤增量可分为 D_{IH} 和 D_{KH} 两类，根据式(10-1)可得到总损伤因子。

基于上述超低周疲劳断裂模型，根据图 10-14 所示的流程图，可将超低周疲劳(定幅循环)加载下延性金属的裂纹萌生寿命与单调拉伸材性试验结果相关联，主要步骤如下：

步骤 1：实施单调拉伸材性试验；

步骤 2：对材性试验结果进行数值分析，对材料循环塑性模型参数和断裂模型参数进行标定；

步骤 3：对定幅循环加载下试件的前三个加载循环进行数值分析，利用 CVGM 模型确定 D_{IH} 和 D_{KH} 的值，后继加载循环下的损伤均与第 3 个加载循环的损伤值相同；

步骤 4：假设式(10-3)中的材料常数 η 已知，当 D_{IH} 和 D_{KH} 之和达到 1.0 时，可预测试件的裂纹萌生寿命。

在所提出的评估过程中，不需要对试件整个定幅循环加载历史进行数值模拟。图 10-10 所示的应力三轴度与等效塑性应变曲线表明，第 3 个加载循环的曲线几乎与后继加载循环的滞回曲线相同。因此，可使用第 3 个加载圈的曲线来表征后续的加载历史，仅需对

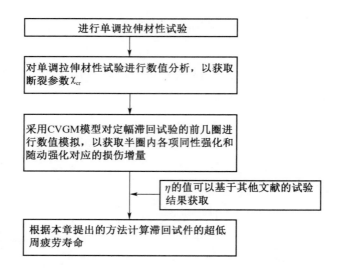

图 10-14 单调拉伸材性试验结果及分析评估超低周疲劳寿命的流程图

前 3 个加载循环区分各向同性强化和随动强化相关的损伤增量。

对于 η 未知的情况,可通过对比所提超低周疲劳断裂模型预测的裂纹萌生时刻和试验结果的时刻,通过试错的方法即可确定该参数的值。本节采用所提的超低周疲劳断裂模型对铝合金 6061-T6 的试验结果进行模拟。η 取为 $0.1\sim0.9$,图 10-15 给出了根据式(10-1)—式(10-3)预测的裂纹萌生时刻、CVGM 模型预测结果以及相关的试验结果的对比,当 η 取 0.29 时,预测结果和双缺口试件超低周疲劳试验结果对比最好;当 η 取 1.0 时,CVGM 模型和本章所提的超低周疲劳断裂模型一样。图 10-15(a)也表明,η 的值对超低周疲劳寿命的评估结果影响显著。表 10-4 给出了所提超低周疲劳断裂模型(η 取 0.29)的预测结果与试验结果的对比,以及 CVGM 模型预测值与试验结果的对比。当 η 取 0.29 时,预测值与试验值比值的平均值为 1.01,变异系数为 0.094,表明该超低周疲劳断裂模型具有良好的评估精度。另一方面,与试验结果相比,CVGM 模型大大低估了裂纹萌生寿命,预测值与试验值比值的平均值为 0.36,变异系数为 0.086。

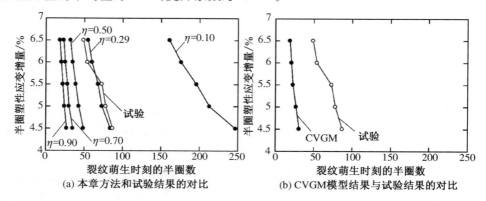

(a) 本章方法和试验结果的对比　　　　(b) CVGM 模型结果与试验结果的对比

图 10-15 超低周疲劳断裂模型与 CVGM 模型预测裂纹萌生时刻对比

表 10-4　　　　　　　　　　　裂纹萌生时刻对应的加载圈数对比

试件	$_tN_{ini,\text{ave}}$	$_tN_{ini,\text{theor}}$	$_tN_{ini,\text{CVGM}}$	$_tN_{ini,\text{theor}}/_tN_{ini,\text{ave}}$	$_tN_{ini,\text{CVGM}}/_tN_{ini,\text{ave}}$
DEN-3.10	87	84	31	0.97	0.36
DEN-3.45	78	73	27	0.94	0.35
DEN-3.80	73	68	23	0.93	0.32
DEN-4.15	54	60	21	1.11	0.39
DEN-4.50	49	55	19	1.12	0.39
			平均值	1.01	0.36
			变异系数	0.094	0.086

备注：$_tN_{ini,\text{ave}}$ 为试验中裂纹萌生时刻的平均半圈数；

　　　$_tN_{ini,\text{theor}}$ 为根据新提的超低周疲劳断裂模型预测的裂纹萌生时刻的平均半圈数；

　　　$_tN_{ini,\text{CVGM}}$ 为 CVGM 模型预测的裂纹萌生时刻的半圈数。

10.5　小结

用于评估延性金属超低周疲劳寿命的断裂模型考虑了各向同性强化和随动强化相关损伤的不同累积速率。该模型能仅根据单调拉伸材性试验结果，对延性金属裂纹萌生前的加载循环次数进行关联和评价。通过对铝合金 6061-T6 的 15 个双缺口试件的超低周疲劳试验，验证了所提超低周疲劳断裂模型(ULCF)和评价方法的合理性。并将新提出的断裂模型与先前提出的循环空穴成长模型(CVGM)的评价结果进行了对比。经过扫描电子显微镜对试件断面观察分析，验证双缺口试件的断裂模式。通过试验和数值研究，得出以下结论：

(1) 铝合金 6061-T6 的延性和韧性性能低于普通软钢。

(2) 双缺口试件的超低周疲劳断面可划分为两个不同的区域，即 ULCF 辉纹和延性断面，这两个部分分别由循环加载和最终全截面断裂瞬时引起的。

(3) 扫描电镜观察到的韧窝尺寸在 $10 \sim 100~\mu m$ 之间，小于普通软钢的韧窝典型尺寸。

(4) 与高周疲劳和低周疲劳问题相比，超低周疲劳断面只有几条较宽的可见条纹。此外，断口分析结果表明，超低周疲劳条纹上的细观结构为典型的韧窝形态，在两个条纹之间为准解理断面，夹杂着扁平的韧窝。

(5) 对于定幅循环加载且超低周疲劳寿命为几十圈以上的情况，CVGM 模型严重低估了裂纹萌生时刻的加载圈数，而 ULCF 模型可较好地评估裂纹萌生时刻。

(6) ULCF 模型假定各向同性和随动强化相关损伤之间呈线性关系，本章中铝合金 6061-T6 的随动强化相关损伤累积速率与各向同性强化相关损伤对应值的比值为 0.29。

需要指出的是，从铝合金 6061-T6 的试验和数值结果中可得出随动强化相关损伤累积速率与各向同性强化相关损伤累积速率之比为 0.29。该值可能取决于材料类型、加载历史和应力状态。因此,在未来的研究中,需要更多的试验和数值分析结果来获得其他延性金属在各种循环加载条件下的各向同性强化和随动强化相关损伤之间的相关关系。

参考文献

Al Zamzami I, Susmel L, 2017. On the accuracy of nominal, structural, and local stress based approaches in designing aluminium welded joints against fatigue[J]. International Journal of Fatigue, 101:137-158.

Ambriz R R, Mesmacque G, Ruiz A, et al., 2010. Effect of the welding profile generated by the modified indirect electric arc technique on the fatigue behavior of 6061-T6 aluminum alloy[J]. Materials Science and Engineering A, 527(7-8):2057-2064.

Bai Y, Wierzbicki T, 2015. A comparative study of three groups of ductile fracture loci in the 3D space[J]. Engineering Fracture Mechanics, 135:147-167.

Bao Y, Wierzbicki T, 2005. On the cut-off value of negative triaxiality for fracture[J]. Engineering Fracture Mechanics, 72(7):1049-1069.

González R, Martínez D I, González J A, et al., 2011. Experimental investigation for fatigue strength of a cast aluminium alloy[J]. International Journal of Fatigue, 33(2):273-278.

Hao H, Ye D, Chen C, 2014. Strain ratio effects on low-cycle fatigue behavior and deformation microstructure of 2124-T851 aluminum alloy[J]. Materials Science and Engineering A, 605:151-159.

Jia L-J, Ge H B, Shinohara K, et al., 2016a. Experimental and numerical study on ductile fracture of structural steels under combined shear and tension[J]. Journal of Bridge Engineering, 21(5):04016008.

Jia L-J, Ikai T, Shinohara K, et al., 2016b. Ductile crack initiation and propagation of structural steels under cyclic combined shear and normal stress loading[J]. Construction & Building Materials, 112:69-83.

Jia L-J, Koyama T, Kuwamura H, 2014. Experimental and numerical study of postbuckling ductile fracture of heat-treated SHS stub columns[J]. Journal of Structural Engineering, 140(7):04014044.

Jia L-J, Kuwamura H, 2015. Ductile fracture model for structural steel under cyclic large strain loading[J]. Journal of Constructional Steel Research, 106:110-121.

Jia L-J, Kuwamura H, 2014. Ductile fracture simulation of structural steels under monotonic tension[J]. Journal of Structural Engineering, 140(5):04013115.

Khandelwal K, El-Tawil S, 2014. A finite strain continuum damage model for simulating ductile fracture in steels[J]. Engineering Fracture Mechanics, 116:172-189.

Kiran R, Khandelwal K, 2013. A micromechanical model for ductile fracture prediction in ASTM A992 steels[J]. Engineering Fracture Mechanics, 102:101-117.

Kiran R, Khandelwal K, 2014. A triaxiality and Lode parameter dependent ductile fracture criterion[J]. Engineering Fracture Mechanics, 128:121-138.

Kuroda M, 2002. Extremely low cycle fatigue life prediction based on a new cumulative fatigue damage model[J]. International Journal of Fatigue, 24(6):699-703.

Kuwamura H, 1997. Transition between fatigue and ductile fracture in steel[J]. Journal of Structural Engineering, 123(7):864-870.

Liu Y, Jia L-J, Ge H, et al., 2017. Ductile-fatigue transition fracture mode of welded T-joints under quasi-static cyclic large plastic strain loading[J]. Engineering Fracture Mechanics,176:38-60.

May A, Taleb L, Belouchrani M A, 2013. Analysis of the cyclic behavior and fatigue damage of extruded AA2017 aluminum alloy[J]. Materials Science and Engineering A,571:123-136.

Naeimi M, Eivani A R, Jafarian H R, et al., 2017. Correlation between microstructure, tensile properties and fatigue life of AA1050 aluminum alloy processed by pure shear extrusion[J]. Materials Science and Engineering A,679:292-298.

Ohata M, Toyoda M, 2004. Damage concept for evaluating ductile cracking of steel structure subjected to large-scale cyclic straining[J]. Science and Technology of Advanced Materials,5(1-2):241-249.

Özdeş H, Tiryakio? lu M, 2017. On estimating high-cycle fatigue life of cast Al-Si-Mg-(Cu) alloys from tensile test results[J]. Materials Science and Engineering A,688:9-15.

Pang J C, Li S X, Wang Z G, et al., 2013. General relation between tensile strength and fatigue strength of metallic materials[J]. Materials Science and Engineering A,564:331-341.

Panontin T L, Sheppard S D, 1995. The relationship between constraint and ductile fracture initiation as defined by micromechanical analyses. ASTM STP 1256, ASTM, West Conshohoken, PA, 54-85.

Xue L, Wierzbicki T, 2008. Ductile fracture initiation and propagation modeling using damage plasticity theory[J]. Engineering Fracture Mechanics,75(11):3276-3293.

Yoshida F, Uemori T, 2002. A model of large-strain cyclic plasticity describing the Bauschinger effect and workhardening stagnation[J]. International Journal of Plasticity,18(5-6):661-686.

第 11 章　总结和研究展望

11.1　主要结论

本书验证了几种经典塑性模型对结构钢和铝合金超低周疲劳破坏评估的适用性,提出了一种适用于循环大塑性应变加载的塑性模型。提出了适用于增幅循环加载和定幅循环加载的细观延性断裂模型。同时,提出了仅采用单调拉伸材性试验结果标定塑性模型和断裂模型参数的方法。通过对沙漏形材性试件的一系列循环试验,验证了相关模型以及其参数标定方法的合理性,并成功应用于结构钢、构件、节点、铝合金材料以及铝合金屈曲约束支撑的超低周疲劳破坏评估,详细结论如下。

11.1.1　循环大塑性应变加载下的金属塑性模型

通过对一系列沙漏形结构钢材性试件和双缺口铝合金试件的试验和数值研究,得出以下主要结论:

(1)提出了一种改进的加权平均法,从拉伸材性试验结果中能够得到直至断裂的真实应力-真实应变数据。

(2)提出了一种改进的 Yoshida-Uemori 循环塑性模型,该模型能够在全应变域较好地描述结构钢的循环塑性行为。同时提出了一种仅采用单调拉伸材性试件结果标定塑性模型参数的方法。

(3)Chaboche 混合强化塑性模型能很好地模拟结构钢在循环大应变加载下的塑性行为,但由于该模型缺乏记忆面,该模型略微高估了定幅循环加载下的应力。

(4)提出了一种利用特征力学参数标定铝合金材料 Chaboche 混合强化塑性模型参数的方法,该方法可用于评价循环加载下铝合金材料和铝合金屈曲约束支撑的滞回性能,且模拟精度良好。

11.1.2　循环大塑性应变加载下的延性断裂模型

(1)基于 Rice-Tracey 细观空穴成长模型和 Miner 准则,提出了一种延性金属的单参数单调延性断裂模型,并以增量形式表达。

(2) 提出了一种基于能量概念的金属延性裂纹扩展准则,该方法对高强度钢具有良好的适用性,通过单调拉伸材性试验可得到相关参数。

(3) 从单调延性断裂模型出发,结合 Chaboche 混合强化塑性模型,或改进的 Yoshida-Uemori 塑性模型,建立了一个循环延性断裂模型,可较好地模拟结构钢在增幅循环加载下的延性断裂。

(4) 对超低周疲劳加载下的方形钢管短柱进行了试验研究,用以验证所提循环延性断裂模型和 Chaboche 混合强化模型。数值模拟结果与试验结果的裂纹萌生时刻对比良好。

(5) 对结构钢和铝合金材料进行了超低周疲劳(ULCF)加载试验,观察到从低周疲劳到延性断裂的过渡断裂模式,且在断面上看到典型的延性韧窝,这暗示延性断裂是导致超低周疲劳破坏的重要因素。

(6) 提出了一种评价延性金属超低周疲劳寿命的断裂模型,该断裂模型的参数可由相应的单调拉伸材性试验结果标定。此外,利用铝合金的超低周疲劳试验结果验证了该断裂模型的合理性。

11.2　研究展望

建议进一步研究超低周疲劳加载下延性金属的延性断裂:

(1) 本研究低估了大塑性范围内循环加载作用下负应力三轴度下的损伤累积,相关损伤规律仍待进一步研究。

(2) 循环加载下带裂纹金属材料的延性裂纹扩展模拟精度仍有待进一步研究。

(3) 残余应力和残余应变对钢构件屈曲模态和断裂过程的影响有待进一步研究。

(4) 虽然本研究不关注脆性断裂与延性断裂之间的过渡,但之前已发现脆性断裂可能由延性裂纹的萌生及扩展触发。相关研究在实践中具有重要意义,相关研究成果仍较为有限,需要进一步研究。

(5) 本研究仅对结构钢和铝合金材料及构件、节点进行了试验研究,应进一步验证断裂模型和塑性模型对其他延性金属的适用性。

(6) 由于热影响区内材料性能复杂,焊接结构的预测仍困难,影响焊缝力学性能和缺陷的因素众多。至今仍没有简单、准确的方法来评估焊接结构的超低周疲劳断裂。

(7) 应变率对延性金属的超低周疲劳断裂的影响尚未得到全面研究,动态超低周疲劳加载下的断裂机理有待进一步研究。

(8) 采用高精度循环塑性模型和细观断裂模型对大型整体结构性能的研究较少,整体结构在强震作用下的延性断裂模拟还需进一步研究。相关精细化模拟方法能够进一步阐明结构的破坏机理,从而使结构设计更加安全。

（9）需对裂纹扩展过程进行更详细的模拟,例如考虑相邻开裂部件的闭合和接触,使用扩展有限元等方法对开裂路径进行更真实的模拟,对于大型结构,相关模拟的收敛性和模拟效率仍有待进一步提升。

附录 A　改进的 Yoshida-Uemori 模型自定义子程序开发

A1　引言

Yoshida 和 Uemori (2002)提出了一种含无强化记忆面(Ohno，1982)的双面循环塑性模型,称为 Yoshida-Uemori 模型,该模型在大约 20% 以下的金属大塑性应变范围内的循环塑性模拟中表现良好。然而,该模型在超大塑性应变范围内仍有一定的局限性(Jia and Kuwamura，2014b；Shi, et al. ，2008),特别是对延性断裂和金属塑性成形领域的研究,其中可能涉及超过 100% 的超大塑性应变范围。考虑到该循环塑性模型在大塑性应变范围内的局限性,作者提出了一种改进的 Yoshida-Uemori 模型,可以较好地模拟低碳钢断裂前的金属循环塑性行为。

对于延性断裂模拟,金属断裂时的等效塑性应变可达到 100% 以上 (Bao and Wierzbicki，2004，2005；Jia ，2013；Jia and Kuwamura，2014a；Wierzbicki, et al. ，2005)。在这种情况下,开发复杂的循环塑性模型子程序将变得困难。在非常大的塑性应变范围内,由于高几何非线性和材料非线性,数值计算很难收敛,因此积分算法变得至关重要,尤其是对于具有 3 个耦合背应力的 Yoshida-Uemori 模型,且该模型还包含一个记忆面和一个各向同性强化的回弹面。为了内嵌一个复杂的塑性本构模型,通常有限元软件需要一个材料子程序提供一个刚度矩阵来将一个小的应变扰动映射到相应的应力扰动,其中刚度矩阵通常称为一致切线刚度矩阵(Crisfield, et al. ，2012；Dunne and Petrinic，2005),这对于确保子程序的快速收敛至关重要。最初的 Yoshida-Uemori 模型是使用后向欧拉方法实现的,用于预测回弹问题(Ghaei, et al. ，2010)。本研究的目的是将修正的 Yoshida-Uemori 模型应用于超大塑性应变循环加载问题,由于三个背应力与相应的各向同性强化分量之间耦合的高度非线性,使该模型的数值分析收敛性成为主要问题,特别是在超大塑性应变范围内,应变集中显著的问题。文献提出了解决这类问题的备选方法,例如使用特定的辅助预测曲面(Bićanić and Pearce，1996)或线性搜索方法(Pérez-Foguet and Armero，2002)。确保全局迭代收敛的另一种方法是子步方法(Abbo and Sloan，1996；Pérez-Foguet, et al. ，2001；Sloan，1987),其中一个增量步被进一步划分为几个增量子步,且每个子步中的积分方法与单步积分方法规则相同。本附录推导了用单步积分法和子步积分法两种方法得到的修正 Yoshida-Uemori 模型的一致切线刚度矩阵,并推导了应变空间中记忆面的积分公式。同时,提出了一种同时考虑收敛性和计算效率的子步最优划分方法。最后,将子程序成功地内嵌 ABAQUS 中,通过数值和理论结果对比,对子程序进行了标定分析。利用该模型模拟了结构钢和钢构件在超大塑性应变范围内的循环塑性行为,数值结果与试验结果对比良好。

A2　单步积分法的应力积分

A2.1　应力积分算法

对于计算塑性力学,与本构模型有关的关键问题是在一定的初始条件下,通过对局部本构方程的积分,得到应力、应变、内部变量等状态变量的当前值。在大多数情况下,主要问题是根据第 n 次增量时状态变量的给定值(如应力 σ_n、塑性应变 $\varepsilon_{\mathrm{P},n}$ 和背应力 α_n,β_n,θ_n)和 $n+1$ 增量步的应变增量 $\Delta\varepsilon_{n+1}$ 计算状态变量的当前值(如应力 σ_{n+1},塑性应变 $\varepsilon_{\mathrm{P},n+1}$ 和背应力 α_{n+1},β_{n+1},θ_{n+1})。

在改进的 Yoshida-Uemori 模型的子程序开发过程中,采用隐式后向欧拉差分法对本构方程进行积分,该方法几何上的含义是试弹性状态能量范数在弹性域上的最近点投影(Simo and Hughes,1998),如图 A-1 所示。

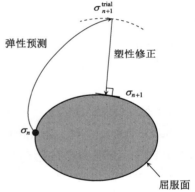

图 A-1　单步积分法的最近点投影法示意图

最近点投影法包括一个弹性预测步和一个塑性修正步。数值求解主要内容包含应力积分(将一系列本构方程转化为非线性方程组),以及非线性方程组的求解,采用的求解方法为后向欧拉差分法。

对于最近点投影法,首先根据弹性预测得出 $n+1$ 增量步的试应力 σ^{trial} :

$$\sigma_{n+1}^{\mathrm{trial}} = \sigma_n + D:\mathrm{d}\varepsilon_{n+1} \tag{A-1}$$

式中　σ_n——第 n 个增量步的应力;

$\Delta\varepsilon_{n+1}$——第 $n+1$ 个增量步的应变增量。对于以下章节,为了简单起见,将忽略下标 $n+1$,没有下标的变量表示第 $n+1$ 个增量步的对应变量。

然后在塑性修正步中,当前的应力可通过下式获得:

$$\sigma = \sigma_n + D:(\mathrm{d}\varepsilon - \mathrm{d}\varepsilon_\mathrm{p}) = \sigma_n + D:\mathrm{d}\varepsilon - D:\mathrm{d}\varepsilon_\mathrm{P} = \sigma^{\mathrm{trial}} - D:\mathrm{d}\varepsilon_\mathrm{P} \tag{A-2}$$

式(A-2)可表示为

$$d\varepsilon_P = D^{-1} : d\sigma \tag{A-3}$$

如果得到塑性应变增量,则应力和其他状态变量也可根据本构方程进行计算。对于改进的 Yoshida-Uemori 模型,假设关联流动法则。那么,塑性应变增量可表示为

$$d\varepsilon_P = d\varepsilon_{eq} \frac{\partial f}{\partial \sigma} = d\varepsilon_{eq} \cdot n \tag{A-4}$$

其中 n 垂直于屈服面。如果得到塑性应变增量,则应力和其他状态变量也可根据本构方程计算得到。

根据式(3-15)、式(3-18)和式(A-4),改进的 Yoshida-Uemori 模型的应力积分方程如下:

$$F_1 = -\varepsilon_P + \varepsilon_{P,n} + d\varepsilon_{eq} \cdot n = 0 \tag{A-5}$$

$$F_2 = -\theta + \theta_n + H_1 d\varepsilon_{eq} = 0 \tag{A-6}$$

$$F_3 = -\beta + \beta_n + H_2 d\varepsilon_{eq} = 0 \tag{A-7}$$

其中

$$H_1 = C\left[\frac{a}{\sigma^{trial}}(S - \alpha) - \sqrt{\frac{a}{\theta}}\theta\right] \tag{A-8}$$

$$H_2 = m\left(b\frac{S - \alpha}{\sigma^{trial}} - \beta\right) \tag{A-9}$$

式中, $\sigma^{trial} = \sqrt{\frac{3}{2}\sigma^{trial} : \sigma^{trial}}$ 。

应力积分也须满足屈服函数的一致性条件,即式(3-11):

$$F_4 = \sqrt{\frac{3}{2}(S - \alpha) : (S - \alpha)} - \sigma_{y0} = 0 \tag{A-10}$$

为了求解上述方程组,须对方程组进行线性化,并采用后向欧拉迭代法求解。以状态变量对式(A-5)~式(A-7)和式(A-10)的线性化可得:

$$F_1^{(k)} + D^{-1} : d\sigma^{(k)} + d\varepsilon_{eq}^{(k)} dn^{(k)} + \delta(d\varepsilon_{eq}^{(k)}) \cdot n^{(k)} = 0 \tag{A-11}$$

$$F_2 = -\theta + \theta_n + H_1 d\varepsilon_{eq} = 0 \tag{A-12}$$

$$F_3^{(k)} - d\beta^{(k)} + d\varepsilon_{eq}^{(k)} d H_2^{(k)} + \delta(d\varepsilon_{eq}^{(k)}) H_2^{(k)} = 0 \tag{A-13}$$

$$F_4^{(k)} + f_\sigma^{(k)} : d\sigma^{(k)} + f_\theta^{(k)} : d\theta^{(k)} + f_\beta^{(k)} : d\beta^{(k)} = 0 \tag{A-14}$$

其中

$$dn^{(k)} = n_\sigma^{(k)} : d\sigma^{(k)} + n_\theta^{(k)} : d\theta^{(k)} + n_\beta^{(k)} : d\beta^{(k)} \tag{A-15}$$

$$\mathrm{d}H_1{}^{(k)} = H_{1\sigma}{}^{(k)} : \mathrm{d}\sigma^{(k)} + H_{1\theta}{}^{(k)} : \mathrm{d}\theta^{(k)} + H_{1\beta}{}^{(k)} : \mathrm{d}\beta^{(k)} + \mathrm{d}\varepsilon_{eq}{}^{(k)} \, H_{1\mathrm{d}\varepsilon_{eq}}{}^{(k)} \quad (A\text{-}16)$$

$$\mathrm{d}H_2{}^{(k)} = H_{2\sigma}{}^{(k)} : \mathrm{d}\sigma^{(k)} + H_{2\theta}{}^{(k)} : \mathrm{d}\theta^{(k)} + H_{2\beta}{}^{(k)} : \mathrm{d}\beta^{(k)} \quad (A\text{-}17)$$

推导可得以下式:

$$[A^{(k)}]^{-1} \begin{Bmatrix} \mathrm{d}\sigma^{(k)} \\ \mathrm{d}\theta^{(k)} \\ \mathrm{d}\beta^{(k)} \end{Bmatrix} = -\{\widetilde{F}^{(k)}\} - \delta(\mathrm{d}\varepsilon_{eq}{}^{(k)})\{\widetilde{n}^{(k)}\} - \mathrm{d}\varepsilon_{eq}{}^{2^{(k)}}\{\widetilde{H}_{1\mathrm{d}\varepsilon_{eq}}{}^{(k)}\} \quad (A\text{-}18)$$

其中

$$[A^{(k)}]^{-1} = \begin{bmatrix} D^{-1} + \mathrm{d}\varepsilon_{eq}{}^{(k)} \, n_\sigma{}^{(k)} & \mathrm{d}\varepsilon_{eq}{}^{(k)} \, n_\theta{}^{(k)} & \mathrm{d}\varepsilon_{eq}{}^{(k)} \, n_\beta{}^{(k)} \\ \mathrm{d}\varepsilon_{eq}{}^{(k)} \, H_{1\sigma}{}^{(k)} & -I + \mathrm{d}\varepsilon_{eq}{}^{(k)} \, H_{1\theta}{}^{(k)} & \mathrm{d}\varepsilon_{eq}{}^{(k)} \, H_{1\beta}{}^{(k)} \\ \mathrm{d}\varepsilon_{eq}{}^{(k)} \, H_{2\sigma}{}^{(k)} & \mathrm{d}\varepsilon_{eq}{}^{(k)} \, H_{2\theta}{}^{(k)} & -I + \mathrm{d}\varepsilon_{eq}{}^{(k)} \, H_{2\beta}{}^{(k)} \end{bmatrix} \quad (A\text{-}19)$$

式中, n_σ, n_θ, n_β, $H_{1\sigma}$, $H_{1\theta}$, $H_{1\beta}$, $H_{2\sigma}$, $H_{2\theta}$, $H_{2\beta}$ 为 n, H_1 和 H_2 对 σ, θ 和 β 的差分。

$$\{\widetilde{F}^{(k)}\} = \begin{Bmatrix} F_1{}^{(k)} \\ F_2{}^{(k)} \\ F_3{}^{(k)} \end{Bmatrix}, \{\widetilde{n}^{(k)}\} = \begin{Bmatrix} n^{(k)} \\ H_1{}^{(k)} \\ H_2{}^{(k)} \end{Bmatrix}$$

$$当 (\beta - q) : \mathrm{d}\beta > 0 \; \{\widetilde{H}_{1\mathrm{d}\varepsilon_{eq}}{}^{(k)}\} = \begin{Bmatrix} 0 \\ H_{1\mathrm{d}\varepsilon_{eq}}{}^{(k)} \\ 0 \end{Bmatrix} \quad 否则 \{\widetilde{H}_{1\mathrm{d}\varepsilon_{eq}}{}^{(k)}\} = \{0\} \quad (A\text{-}20)$$

然后,应力和内部状态变量的增量可表示为

$$\begin{Bmatrix} \mathrm{d}\sigma^{(k)} \\ \mathrm{d}\theta^{(k)} \\ \mathrm{d}\beta^{(k)} \end{Bmatrix} = -[A^{(k)}] : \{\widetilde{F}^{(k)}\} - \delta\mathrm{d}\varepsilon_{eq}{}^{(k)} [A^{(k)}] : \{\widetilde{n}^{(k)}\} - (\mathrm{d}\varepsilon_{eq}{}^{(k)})^2 [A^{(k)}] : \{\widetilde{H}_{1\mathrm{d}\varepsilon_{eq}}{}^{(k)}\}$$

$$(A\text{-}21)$$

将式(A-21)代入式(A-14),可得:

$$\delta(\mathrm{d}\varepsilon_{eq}{}^{(k)}) = \frac{F_4{}^{(k)} - \partial f^{(k)} : [A^{(k)}] : \{\widetilde{F}^{(k)}\} - (\mathrm{d}\varepsilon_{eq}{}^{(k)})^2 \partial f : [A^{(k)}] : \{\widetilde{H}_{1\mathrm{d}\varepsilon_{eq}}{}^{(k)}\}}{\partial f^{(k)} : [A^{(k)}] : \{\widetilde{n}^{(k)}\}} \quad (A\text{-}22)$$

$$\delta(\mathrm{d}\varepsilon_{eq}{}^{(k)}) = \frac{\partial f : A^{(k)} : \begin{Bmatrix} \mathrm{d}\varepsilon^{(k)} \\ 0 \\ 0 \end{Bmatrix} - (\mathrm{d}\varepsilon_{eq}{}^{(k)})^2 \partial f : A^{(k)} : \begin{Bmatrix} 0 \\ H_{1\mathrm{d}\varepsilon_{eq}}{}^{(k)} \\ 0 \end{Bmatrix}}{\partial f : A^{(k)} : \{\widetilde{n}^{(k)}\}} \quad (A\text{-}23)$$

将式(A-23)代入式(A-18),可最终算得应力增量以及内部状态变量的增量:

$$\begin{Bmatrix} \mathrm{d}\sigma^{(k)} \\ \mathrm{d}\theta^{(k)} \\ \mathrm{d}\beta^{(k)} \end{Bmatrix} = A^{(k)} : \begin{Bmatrix} \mathrm{d}\varepsilon^{(k)} \\ 0 \\ 0 \end{Bmatrix} - (\mathrm{d}\varepsilon_{eq}{}^{(k)})^2 A^{(k)} : \begin{Bmatrix} 0 \\ H_{1\mathrm{d}\varepsilon_{eq}}{}^{(k)} \\ 0 \end{Bmatrix}$$

$$\frac{\partial f : A^{(k)} : \begin{Bmatrix} \mathrm{d}\varepsilon^{(k)} \\ 0 \\ 0 \end{Bmatrix} - (\mathrm{d}\varepsilon_{eq}{}^{(k)})^2 \partial f : A^{(k)} : \begin{Bmatrix} 0 \\ H_{1\mathrm{d}\varepsilon_{eq}}{}^{(k)} \\ 0 \end{Bmatrix}}{\partial f : A^{(k)} : \{\widetilde{n}^{(k)}\}} A^{(k)} : \{\widetilde{n}^{(k)}\}$$

$$(A-24)$$

A2.2　更新记忆面

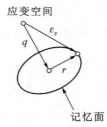

应变空间

记忆面

图 A-2　Ohno 提出的
记忆面示意图

在改进的 Yoshida-Uemori 模型中,包括图 A-2 所示的记忆面,以考虑瞬态包辛格效应后反向加载时的非各向同性强化效应。文献指出这种效应在某些材料(如软钢)承受大塑性循环加载时表现显著(Yoshida and Uemori, 2002)。

在应力积分结束时,需要更新记忆面的演化。r^2 的一阶泰勒级数展开式给出:

$$r^2 = r_n{}^2 + 2r \cdot \Delta r_n = r_n{}^2 + \frac{4h}{3}(\varepsilon_P - q) : \Delta\varepsilon_{P,n} \qquad (A-25)$$

$$\varepsilon_P - q = \frac{\varepsilon_P - q_n}{1 + \mu} \qquad A-26)$$

记忆面表达式为

$$g_\varepsilon = \frac{2}{3}(\varepsilon_P - q) : (\varepsilon_P - q) - r^2 = 0 \qquad (A-27)$$

将式(A-25)和式(A-26)代入式(A-27)可得:

$$\frac{2}{3}\frac{(\varepsilon_P - q_n) : (\varepsilon_P - q_n)}{(1 + \mu)^2} - \left[r_n{}^2 + \frac{4h}{3}\frac{(\varepsilon_P - q_n) : \Delta\varepsilon_{P,n}}{1 + \mu}\right] = 0 \qquad (A-28)$$

$$\frac{2}{3}(\varepsilon_P - q_n) : (\varepsilon_P - q_n) - r_n{}^2 (1 + \mu)^2 - \frac{4h}{3}(\varepsilon_P - q_n) : \Delta\varepsilon_{P,n}(1 + \mu) = 0 \quad (A-29)$$

然后可计算得到 μ 的表达式如下:

$$\mu = \frac{\frac{4h}{3}(\varepsilon_P - q_n) : \Delta\varepsilon_{P,n} + \sqrt{\left[\frac{4h}{3}(\varepsilon_P - q_n) : \Delta\varepsilon_{P,n}\right] + \frac{8}{3}r_n{}^2\left[(\varepsilon_P - q_n) : (\varepsilon_P - q_n)\right]}}{2r_n^2} - 1$$

$$(A-30)$$

更新记忆面相关的状态变量如下：

$$q = \varepsilon_P - \frac{\varepsilon_P - q_n}{1 + \mu} \tag{A-31}$$

$$r^2 = r_n^2 + \frac{4h}{3}(\varepsilon_P - q) : \Delta\varepsilon_{P,n} \tag{A-32}$$

更新边界面：

$$\Delta R_n = mR_{sat}\, e^{-m\varepsilon_{eq}} \Delta\varepsilon_{eq,n} + m_l \Delta\varepsilon_{eq,n} \tag{A-33}$$

$$R = R_n + \Delta R_n \tag{A-34}$$

A2.3　单步积分法的一致切线刚度矩阵

对于大多数隐式有限元代码，采用后向欧拉法在全局层面进行迭代，需要为 ABAQUS 主程序提供一致切线刚度矩阵(也称为材料的 Jaccobian 矩阵)，以便将材料本构模型编译为隐式计算的自定义有限元子程序。这意味着模型的嵌入涉及两个方面，即模型状态变量的积分，以及子程序结束时对一致切线刚度矩阵的更新。

一致切线刚度矩阵对复杂材料本构模型尤为重要，不精确的一致切线刚度矩阵不仅会导致求解收敛速度的变缓，且有时也会产生不收敛的结果。

一致切线刚度矩阵 $\boldsymbol{D}^{alg}$ 定义为

$$\boldsymbol{D}^{alg} = \frac{\partial\boldsymbol{\sigma}}{\partial\boldsymbol{\varepsilon}} \tag{A-35}$$

基于式(A-24)可发现，在应力积分结束时得到的一致切线刚度矩阵是以下矩阵的前 6×6 分量：

$$\boldsymbol{D}^{alg} = \boldsymbol{A} - \frac{(\partial f : \boldsymbol{A}) \otimes (\boldsymbol{A} : \{\tilde{n}\})}{\partial f : \boldsymbol{A} : \{\tilde{n}\}} \tag{A-36}$$

式中，$\otimes$ 代表两个张量的叉积。

A3　自适应子步积分法

A3.1　简介

由于改进的 Yoshida-Uemori 模型的复杂性，如图 A-1 所示的单步积分法无法保证大塑性应变增量下积分运算的收敛性。在本章中，采用图 A-3 所示的子步积分法实现模型应力积分的收敛。通过这一方法，积分点无法收敛的应力积分过程被分解为若干个子步，然后局部积分不收敛的问题可被成功解决。此外，还利用一种自适应技术控制子步的数量,以提高大应变增量下局部应力积分的计算效率。

本构方程采用 N 个子步由 t_n 积分到 t_{n+1},即由 $t_{n+1/N}$ 到 $t_{n+N/N}$。在第 $n+1$ 步的应力积分过程中,已知第 n 步的应力、背应力等状态变量,也知道第 $n+1$ 步的应变增量。应变增量可平均分为 N 个等分,如下所示:

$$d\varepsilon_{n+1} = d\varepsilon_1 + d\varepsilon_2 + \ldots + d\varepsilon_n$$

$$= \sum_1^N \frac{d\varepsilon_{n+1}}{N} \qquad (A-37)$$

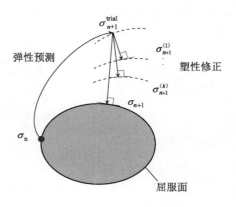

图 A-3　自适应子步积分法示意图

对于子步积分法,首先根据式(A-1)求出试应力,如果已超过屈服点,子步总数 N 可设定为最接近下式估算结果的整数:

$$N = \frac{|\sigma_{n+1}^{trial}|}{K\sigma_{y0}} \qquad (A-38)$$

式中　$|\sigma_{n+1}^{trial}|$,σ_{y0}——分别是材料的弹性试应力和初始屈服应力;

K——一个取决于问题复杂性的参数。

这种处理方法可解决一些超大塑性应变范围内高度应变集中的积分点不收敛问题。根据弹性试应力的值确定子步数量也是合理的,该值表征了弹性试应力状态点与屈服面之间的距离。

一旦确定了子步的数目,就可用与单步积分法相同的流程对每个子步进行积分,只是应变增量不是 $d\varepsilon_{n+1}$,而是 $d\varepsilon_{n+1}/N$,然后就可得到第 $n+1$ 步的所有状态变量。

A3.2　自适应子步积分法的一致切线刚度矩阵

对于隐式有限元数值分析,在整个自定义子程序编译的结尾须提供一致切线刚度矩阵。对于子步积分法,可通过上述 N 个子步的一致切线刚度矩阵的总和来近似得到整个增量步的一致切线刚度矩阵。根据式(A-35),整个增量步的一致切线刚度矩阵可表达为

$$\boldsymbol{D}^{alg} = \frac{\partial \boldsymbol{\sigma}}{\partial \boldsymbol{\varepsilon}} = \frac{\sum_{i=1}^N d\sigma_i}{\sum_{i=1}^N d\varepsilon_i} \approx \sum_{i=1}^N \frac{d\sigma_i}{d\varepsilon_i} = \sum_{i=1}^N D_i^{alg} \qquad (A-39)$$

式中,D_i^{alg} 为根据式(A-35)在第 i 个子步结束时计算得到的一致切线刚度矩阵。上述公式的精度已得到验证,即使对于较大的应变增量步也能保证分析的正确性和计算效率。还应注意的是,材料在前几个子步可能并未进入屈服,此时,D_i^{alg} 就是材料的弹性刚度矩

阵 $\boldsymbol{D}$。至此,通过上述流程可实现自定义子程序的编写,具体的应力积分过程如表 A-1 所示。

表 A-1   改进的 Yoshida-Uemori 模型的编译流程

1. 输入有限元主程序获得的数据,将状态变量的初始值设置为上一步结束时的收敛值,并计算试应力。

当 $k = 0$:$\varepsilon_P^{(0)} = \varepsilon_{P,n}$,$\alpha^{(0)} = \alpha_n$,$\theta^{(0)} = \theta_n$,$\beta^{(0)} = \beta_n$,$q^{(0)} = q_n$,$\sigma_{n+1}^{trial} = \sigma_n + D : d\varepsilon_{n+1}$

2. 确认材料是否屈服:

if $\sigma_{n+1}^{trial} - \sigma_{y0} < 0$,则

设置 $(*)_{n+1} = (*)_{n+1}^{trial}$ 并输出局部的应力积分结果,返回有限元主程序。

End if

否则,计算所需的分析子步数量,并计算塑性流动方向 n_{n+1}

$$n_{n+1} = \sigma_{n+1}^{trial} / \sigma_{n+1}^{trial} \qquad N = \sigma_{n+1}^{trial} / \sigma_{y0}$$

进入步骤 3

3. 采用后向欧拉迭代法计算等效塑性应变增量

$$\delta(d\varepsilon_{eq}^{(k)}) = \frac{F_4^{(k)} - \partial f^{(k)} : [A^{(k)}] : \{\widetilde{F}^{(k)}\} - (d\varepsilon_{eq}^{(k)})^2 \partial f : [A^{(k)}] : \{\widetilde{H}_{1de_{eq}}^{(k)}\}}{\partial f^{(k)} : [A^{(k)}] : \{\widetilde{n}^{(k)}\}}$$

4. 更新背应力、塑性应变和应力以及等效塑性应变增量

$$\begin{Bmatrix} d\sigma^{(k)} \\ d\theta^{(k)} \\ d\beta^{(k)} \end{Bmatrix} = -[A^{(k)}] : \{\widetilde{F}^{(k)}\} - \delta d\varepsilon_{eq}^{(k)} [A^{(k)}] : \{\widetilde{n}^{(k)}\} - (d\varepsilon_{eq}^{(k)})^2 [A^{(k)}] : \{\widetilde{H}_{1de_{eq}}^{(k)}\}$$

5. 计算子步的一致切线刚度矩阵

$$D_i^{alg} = A - \frac{(\partial f : A) \otimes (A) : \{\widetilde{n}\}}{\partial f : A : \{\widetilde{n}\}}$$

从第一个子步到第 N 个子步重复步骤 3~5

6. 通过累加各子步的一致切线刚度矩阵更新整个增量步的一致切线刚度矩阵

$$\boldsymbol{D}^{alg} = \sum_{i=1}^{N} D_i^{alg}$$

A3.3   自定义子程序的验证

在图 A-4(a)和(b)所示的边界条件下,使用单轴拉伸和剪切下的单个单元有限元模型进行分析,以验证所编译模型的正确性。在单轴受力状态下,改进的 Yoshida-Uemori 模型的回弹应力 σ_{bound} 为

$$\sigma_{bound} = B + R + \beta = B + (R_{sat} + b)(1 - e^{-m\varepsilon_{eq}}) + m_l \varepsilon_{eq} \tag{A-40}$$

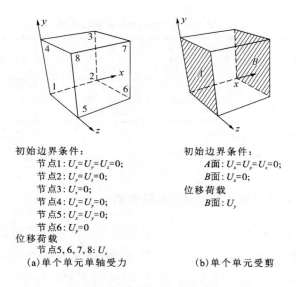

初始边界条件:
节点1: $U_x=U_y=U_z=0$;
节点2: $U_y=U_z=0$;
节点3: $U_z=0$;
节点4: $U_x=U_y=0$;
节点5: $U_x=U_y=0$;
节点6: $U_y=0$
位移荷载
节点5, 6, 7, 8: U_z
(a)单个单元单轴受力

初始边界条件:
A面: $U_x=U_y=U_z=0$;
B面: $U_x=0$;
位移荷载
B面: U_y

(b)单个单元受剪

图 A-4 单个单元有限元验证模型的边界条件

　　理论上,随着塑性应变的增加,数值结果得到的应力(等效 Mises 应力)应该从屈服应力开始,逐渐收敛到式(A-40)中给出的回弹应力。材料DP600(Ghaei, et al., 2010)和SS400(Jia and Kuwamura, 2014)采用表 A-2 中给出的模型参数来验证本章开发的自定义子程序。图 A-5(a)和(b)分别给出了 DP600 和 SS400 的数值结果和相应理论结果的比较。结果表明,随着塑性应变的增大,数值结果的应力收敛于理论的边界应力。

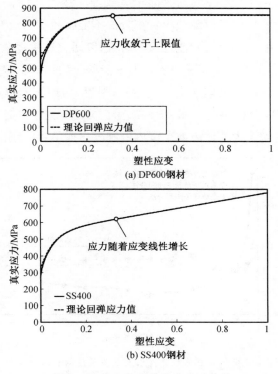

图 A-5 单个单元模型的验证结果

表 A-2 改进的 Yoshida-Uemori 模型的参数

材料	σ_{y0}	C	B	R_{sat}	b	m	h	m_l	$\varepsilon_{plateau}$
DP600	420.0	200.0	555.0	190.0	110.0	12.0	0.9	0.0	0.0000
SS400	255.9	332.8	321.7	137.7	82.9	18.1	0.5	236.2	0.0148
STKR400	233.2	369.6	261.0	139.4	295.0	2.8	0.1	206.0	0.0222

备注：σ_{y0}，C，B，R_{sat}，b 和 m_l 的单位为 MPa。

m，h 和 $\varepsilon_{plateau}$ 为无量纲参数。

A3.4　子步长度对子程序鲁棒性和计算效率的影响

使用类似图 A-4(a)和(b)所示的单个单元有限元模型进行了参数分析，研究子步长度 $K\sigma_{y0}$ 对内嵌塑性模型的鲁棒性和计算效率的影响，将循环位移荷载施加于单个单元模型。分析过程中，故意设置分析参数的输出点很少，以使得积分过程中产生较大的塑性应变增量。图 A-6 对比了使用不同子步长度子步积分法以及单步积分法的 CPU 分析时间。并采用子步长度为 σ_{y0} 的分析时间 T_1 对各分析工况的 CPU 分析时间 T 进行了无量纲化，研究的子步步长范围为 $\sigma_{y0}/4$ 到 $10\,\sigma_{y0}$。循环轴向荷载作用下的单个单元模型，发现最佳子步步长约为 $5\,\sigma_{y0}$，而剪切作用下的最佳子步长度约为 σ_{y0}。剪切作用下单步积分法所需的无量纲 CPU 时间也在图中给出，结果表明子步长度为 σ_{y0} 的子步积分法比单步积分法节省 16％的 CPU 分析时间。图中未给出循环轴向加载下单步积分法所需的 CPU 分析时间，因为采用单步积分法的数值分析由于应变增量过大而没有收敛。然而，使用子步积分法的情况都是收敛的。这意味着子步积分法可以解决单步积分法不能收敛的大应变增量问题。如图 A-7 所示的多单元模型(试件的 1/4 模型)也进行了研究，以研究在更复杂的加载条件下，子步步长的影响。图 A-6 给出了使用不同子步步长的子步积分法和单步积分法的无量纲 CPU 分析时间，表明对于多单元模型，最佳子步步长在 σ_{y0} 附近，与传统的单步积分法相比，子步积分法可节省 23％的 CPU 分析时间。图 A-8 给出了颈缩后试件的变形形态，结果表明所内嵌的塑性模型能够成功解决大塑性应变范围内的高度应变集中问题。

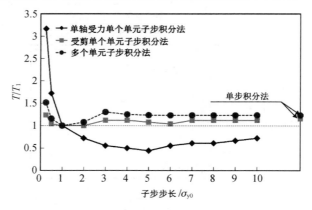

图 A-6　子步积分法的鲁棒性以及子步长度对计算效率的影响

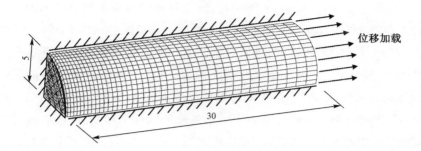

图 A-7 多单元有限元模型

图 A-8 多单元模型的验证结果

A4 模型的参数标定

在实际工程中,由于在受压侧加载半圈试件易发生过早的屈曲,很难进行直至断裂的单轴拉压循环材性试验。然而,作者发现(Jia and Kuwamura, 2014)各向同性强化和运动强化分量大约各占单调拉伸试件应力强化的一半。根据这一规律,可从单调拉伸材性试验结果中获得材料的循环应力-应变数据。在计算单调拉伸下的真实应力-真实应变数据时,须修正材料颈缩后的真实应力-真实应变数据,文献中给出了详细的方法(Jia and Kuwamura, 2014)。当获得循环应力-应变数据时,使用如图 A-4(a)所示的单个单元模型进行优化分析,其中可使用 Matlab 等优化分析软件将 ABAQUS 的分析结果与基于单调拉伸材性试验结果重构的循环真实应力-真实应变数据相匹配。与重构的循环应力-应变数据最吻合的值即是改进的 Yoshida-Uemori 模型参数的最优值。

A5 模型在超大塑性应变问题中的应用

将改进的 Yoshida-Uemori 模型内嵌入 ABAQUS/Standard 隐式分析模块中,并采用文献(Jia and Kuwamura, 2014; Jia, 2013)中一系列低碳钢材料和构件的循环加载断裂试验结果与数值结果进行了比较,进一步验证模型的适用性。在 7 种不同的加载过程中对沙漏形试件进行了循环拉压试验,材料为 SS400。分别对试件 KA01 和试件 KA02 进行了单向拉伸和压缩试验。试件 KA03 的加载历史为单圈循环后拉断。试件 KA04 为五圈定幅循环加载后拉断。在试件开始颈缩之前,首先对试件 KA05 进行两圈定幅循环加载,然后拉断。在颈缩后,对试件 KA06 进行两圈定幅加载后拉断,其中 SS400 材性试件的颈缩大约发生在应变为 20％时。试件 KA07 首先在颈缩前的小应变范围内循环加载,然后在颈缩后的大应变范围内循环加载至断裂。除因屈曲而过早失效的试件 KA02 外,所有试件均最终被拉断。试验涵盖了较宽的断裂应变范围,其结果适用于子程序的验证,有望较好的评价金属在极大塑性应变范围内的循环塑性行为。

图 A-9 对比了改进的 Yoshida-Uemori 模型的数值模拟结果和相应试验结果。基于前述塑性模型标定方法得到的塑性模型参数如表 A-2 所示。数值计算结果与单调试验和循环试验结果吻合较好。对于试件 KA04,首先承受 5 个定幅加载循环,试验中自第 2 个加载循环后试验力趋于稳定,数值结果可以很好地描述第二次加载循环后的非各向同性强化现

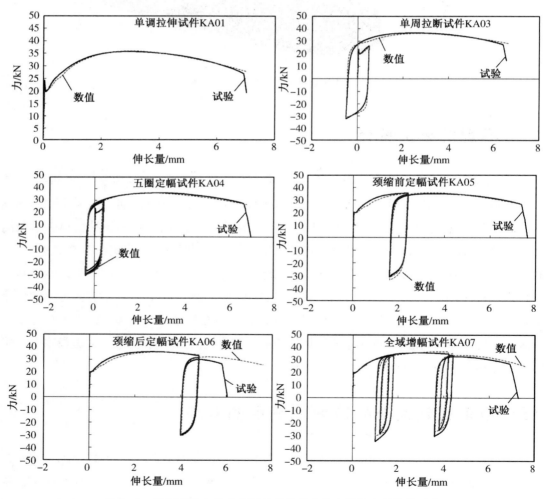

图 A-9 不同循环加载历史下钢材的试验及有限元分析结果对比

象。通过试件 KA05 和试件 KA07 的对比结果可以发现,该模型还可描述超大塑性应变范围内软钢的循环塑性。对于试件 KA06,数值和试验结果之间存在一定的偏差,这可能是由于材料在接近断裂应变的大塑性应变范围内循环加载下的材料承载能力退化所致。在这一阶段,可能需要考虑金属损伤的本构模型,例如 Gurson 模型或 GTN 模型(Gurson,1977;Tvergaard and Needleman,1984),以准确预测材料的塑性。此时,金属内部可能已产生细观空穴,从而导致显著的材料损伤及应力退化。

　　作者分别在增幅循环加载和定幅循环加载下进行了两根经热处理的方钢管短柱的滞回试验,其材料为 STKR400。局部屈曲首先出现在两根柱高度的中部,随后的加载循环下开始出现屈曲后延性断裂。模型参数是根据从同一根钢管上切下的材性试件单调拉伸试验结果进行标定的。建立了具有图 A-10 所示具有对称边界条件的八分之一有限元模型,并在顶部施加循环位移荷载。数值结果与试验结果的对比如

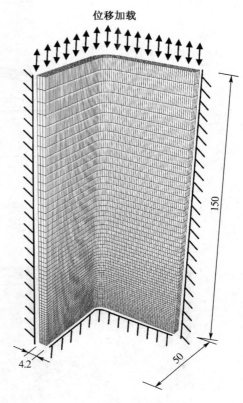

图 A-10　不同循环加载历史下钢短柱的有限元模型

图 A-11 所示,曲线上也标出了裂纹萌生时刻。结果表明,修正 Yoshida-Uemori 模型能较好地评价短柱在开裂前的增幅循环加载和定幅循环加载下的荷载-位移曲线,并高估了开裂后的荷载。为了跟踪开裂后的荷载-位移曲线,需进行裂纹扩展的模拟,以考虑损伤导致的强度损失。如图 A-12 所示,通过模拟也可以较好地预测试件的局部屈曲。

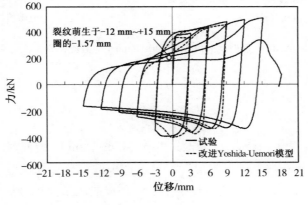

(a) 增幅加载

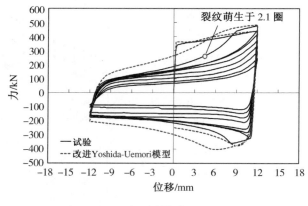

（b）定幅加载

图 A-11 改进的 Yoshida-Uemori 模型在大塑性循环加载下钢柱的应用

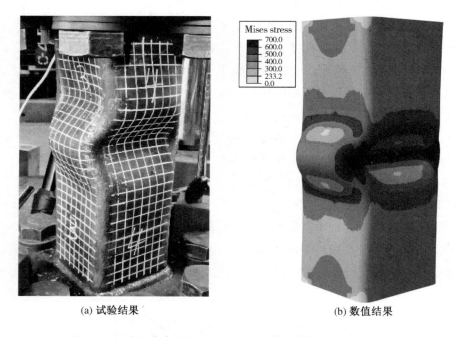

(a) 试验结果   (b) 数值结果

图 A-12 采用改进的 Yoshida-Uemori 模型模拟的构件屈曲

A6 结 论

采用一种自适应子步积分算法，将改进的 Yoshida-Uemori 模型内嵌至商用有限元软件 ABAQUS 的隐式分析模块之中。本附录给出了详细的积分过程，利用后向欧拉迭代法对积分方程进行了线性化求解。本附录还提出了一种自适应子步积分法，用于确定大塑性应变增量下最优子步的数量，假定子步数与弹性试应力值有关，该值表征了试应力状态点离屈服面距离。对于高度应变集中问题，发现改进的 Yoshida-Uemori 模型的最佳子步步长在

σ_{y0} 附近。与单步积分法相比,该积分算法在金属断裂应变附近的大塑性应变范围内仍具有良好的鲁棒性,在鲁棒性和计算效率上都具有良好的效果。利用塑性模型的理论结果以及低碳钢材料和构件滞回试验结果进一步验证了该子程序的正确性。直至相应材料和构件的断裂,数值分析都可收敛,且数值与试验对比结果显示上述塑性模型具有较好的精度。在本研究中,修正后的模型也成功模拟了方钢管短柱屈曲处的应变集中。本研究所提的计算塑性力学算法适用于一系列复杂本构塑性模型的编译,这些模型在超大循环塑性加载下收敛难度大。

参考文献

Abbo A J, Sloan S, 1996. An automatic load stepping algorithm with error control[J]. International Journal for Numerical Methods in Engineering, 39(10):1737-1759.

Bao Y, Wierzbicki T, 2004. On fracture locus in the equivalent strain and stress triaxiality space[J]. International Journal of Mechanical Sciences, 46(1):81-98.

Bao Y, Wierzbicki T, 2005. On the cut-off value of negative triaxiality for fracture[J]. Engineering Fracture Mechanics, 72(7):1049-1069.

Bićanić N, Pearce C, 1996. Computational aspects of a softening plasticity model for plain concrete[J]. Mechanics of Cohesive-frictional Materials, 1(1):75-94.

Crisfield M, Remmers J, Verhoosel C, 2012. Nonlinear finite element analysis of solids and structures[M]. John Wiley & Sons.

Dunne F, Petrinic N, 2005. Introduction to computational plasticity[M]. Oxford University Press.

Ghaei A, Green D E, 2010. Numerical implementation of Yoshida-Uemori two-surface plasticity model using a fully implicit integration scheme[J]. Computational Materials Science, 48(1):195-205.

Ghaei A, Green D E, Taherizadeh A, 2010. Semi-implicit numerical integration of Yoshida-Uemori two-surface plasticity model[J]. International Journal of Mechanical Sciences, 52(4):531-540.

Gurson A L, 1977. Continuum theory of ductile rupture by void nucleation and growth. Part I. Yield criteria and flow rules for porous ductile media[J]. Journal of Engineering Materials and Technology, 99:2-15.

Jia L-J, Kuwamura H, 2014a. Ductile fracture simulation of structural steels under monotonic tension[J]. Journal of Structural Engineering,140(5):04013115.

Jia L-J, Kuwamura H, 2014b. Prediction of cyclic behaviors of mild steel at large plastic strain using coupon test results[J]. Journal of Structural Engineering (ASCE), 140(2):04013056.

Jia L J, 2013. Ductile fracture of structural steels under cyclic large strain loading[D]. Doctor, The University of Tokyo, Tokyo.

Ohno N, 1982. A Constitutive Model of Cyclic Plasticity With a Nonhardening Strain Region[J]. Journal of Applied Mechanics, 49(4):721-727.

Pérez-Foguet A, Rodríguez-Ferran A, Huerta A, 2001. Consistent tangent matrices for substepping schemes[J]. Computer methods in applied mechanics and engineering, 190(35):4627-4647.

177

Pérez-Foguet A, Armero F, 2002. On the formulation of closest-point projection algorithms in elastoplasticity-part II: Globally convergent schemes[J]. International Journal for Numerical Methods in Engineering, 53(2):331-374.

Shi M F, Zhu X, Xia C, et al., Determination of nonlinear isotropic/kinematic hardening constitutive parameters for AHSS using tension and compression tests[C]. Proc., Proceedings of NUMISHEET Conference, Switzerland, 264-270.

Simo J, Hughes T, 1998. Computational inelasticity[M]. Springer Verlag.

Sloan S, 1987. Substepping schemes for the numerical integration of elastoplastic stress-strain relations[J]. International Journal for Numerical Methods in Engineering, 24(5):893-911.

Tvergaard V, Needleman A, 1984. Analysis of the cup-cone fracture in a round tensile bar[J]. Acta Metallurgica, 32(1):157-169.

Wierzbicki T, Bao Y, Lee Y-W, et al., 2005. Calibration and evaluation of seven fracture models[J]. International Journal of Mechanical Sciences, 47(4-5):719-743.

Yoshida F, Uemori T, 2002. A model of large-strain cyclic plasticity describing the Bauschinger effect and work hardening stagnation[J]. International Journal of Plasticity, 18(5-6):661-686.